建筑工程施工工艺标准

屋面工程施工工艺标准

(ZJQ00—SG—007—2003)

中国建筑工程总公司

中国建筑工业出版社

图书在版编目(CIP)数据

屋面工程施工工艺标准/中国建筑工程总公司.—北京：中国建筑工业出版社，2003
（建筑工程施工工艺标准）
ISBN 978-7-112-06115-0

建筑工程施工工艺标准
屋面工程施工工艺标准
中国建筑工程总公司

*

中国建筑工业出版社出版、发行(北京西郊百万庄)
各地新华书店、建筑书店经销
北京市兴顺印刷厂印刷

*

开本：850×1168毫米 1/32 印张：5¾ 字数：152千字
2003年12月第一版 2007年7月第四次印刷
印数：25001—27000册 定价：**12.00**元
ISBN 978-7-112-06115-0
(12128)

版权所有 翻印必究
如有印装质量问题，可寄本社退换
（邮政编码 100037）

本书是《建筑工程施工工艺标准》系列丛书之一。全书共计13章,内容包括:屋面保温层、屋面找平层、沥青防水卷材屋面防水层、高聚物改性沥青防水卷材屋面防水层、合成高分子防水卷材屋面防水层、涂膜防水屋面工程、刚性防水屋面工程、平瓦屋面工程、金属板材屋面工程、架空隔热屋面工程、蓄水屋面工程、种植屋面、细部构造施工工艺标准。本书可作为企业生产操作的技术依据和内部验收标准、项目工程施工方案、技术交底的蓝本、编制投标方案和签定合同的技术依据。可操作性强。

本书可供企业工人、技术员、工长等工程技术人员、管理人员使用。也可供相关专业人员参考。

* * *

责任编辑　余永祯
责任设计　孙　梅
责任校对　黄　燕

《建筑工程施工工艺标准》编写委员会

主　　任：郭爱华
副 主 任：毛志兵
委　　员：（以姓氏笔画顺序）
　　　　　　邓明胜　史如明　朱华强　李　健　吴之昕
　　　　　　肖绪文　张　琨　柴效增　虢明跃
策　　划：毛志兵　张晶波
编　　辑：欧亚明　宋中南　刘若冰　刘宝山
顾　　问：孙振声　王　萍
特邀专家：卫　明

《屋面工程施工工艺标准》
编写人员名册

主　　编：柴效增
副 主 编：(以姓氏笔画排序)
　　　　　史如明　吴月华
审定专家：(以姓氏笔画排序)
　　　　　李承刚　张玉玲　陈菊华　施锦飞　常蓬军
编写组成员：
中国建筑工程总公司：张晶波
中国建筑第二工程局：鞠大全　罗琼英　陈小茹　侯丽霞
　　　　　　　　　　陈　星　罗　春　李春安　张巧芬
　　　　　　　　　　陈贞义　王海兵　刘新峰　闫兴隆
　　　　　　　　　　钟志英　钟　燕　石立国
中国建筑一局(集团)有限公司：陆凯安　赵书英　石云兴
　　　　　　　　　　吴　娜　薛　刚　李松岷
　　　　　　　　　　刘卫东　张友芹
中国建筑第五工程局：卢洪波　黄仁清　徐　涛　李正辉

序

一个企业的管理水平和技术优势是关系其发展的关键因素,而企业技术标准在提升管理水平和技术优势的过程中起着相当重要的作用,它是保证工程质量和安全的工具,实现科学管理的保证,促进技术进步的载体,提高企业经济效益和社会效益的手段。

在西方发达国家,企业技术标准一直作为衡量企业技术水平和管理水平的重要指标。中国建筑工程总公司作为中国建筑行业的排头兵,长期以来一直非常重视企业技术标准的建设,将其作为企业生存和发展的重要基础工作和科技创新的重点之一。经过多年努力,取得了可喜的成绩,形成了一大批企业技术标准,促进企业生产的科学化、标准化、规范化。中建总公司企业技术标准已成为"中国建筑"独特的核心竞争力。

中国加入WTO后,随着我国市场经济体制的不断完善,企业技术标准体系在市场竞争中将会发挥越来越重要的作用。面对建筑竞争日趋激烈的市场环境,我们顺应全球经济、技术一体化的发展趋势,及时调整了各项发展战略。遵循"商业化、集团化、科学化"的发展思路,在企业技术标准建设层面上,我们响应国家工程建设标准化改革号召,适时建立了集团公司自己的技术标准体系,加速推进企业的技术标准建设。通过技术标准建设的实施,使企业实现"低成本竞争,高品质管理",提升整个集团项目管理水平,保障企业取得了跨越式发展,为我们实现"一最两跨"(将中建总公司建设成为最具国际竞争力的中国建筑集团;在2010年前,全球经营跨入世界500强、海外经营跨入国际著名承包商前10名)的奋斗目标提供了良好的技术支撑。

企业技术标准是企业发展的源泉,我们要在新的市场格局下,抓住契机,坚持不懈地开展企业技术标准化建设,加速建立以技术标准体系为主体、管理标准体系和工作标准体系为支撑的三大完善的标准体系,争取更高质量的发展。

《建筑工程施工工艺标准》是中建总公司集团内一大批经验丰富的科技工作者,集合中建系统整体资源,本着对中建企业、对中国建筑业极大负责的态度,精心编制而成的。在此,我谨代表中建总公司和技术标准化委员会,对这些执著奉献的中建人,致以诚挚的谢意。

该标准是中建总公司的一笔宝贵财富,希望通过该标准的出版,能为中国建筑企业技术标准建设和全行业的发展,起到积极的推进作用。

中国建筑工程总公司副总裁
技术标准化委员会主任　　**郭爱华**

前　言

　　我国自2002年3月1日起进行施工技术标准化改革,出台了《建筑工程质量验收统一标准》和13个分部工程质量验收规范,实行建筑法规与技术标准相结合的体制。改革后,在新版系列规范中删除了原规范中关于"施工工艺和技术"的有关内容,施工工艺规范被定位为企业内控的标准。这一改革使各建筑企业均把企业技术标准的建设放在了企业发展的重要位置。企业的技术标准已成为其进入市场参与竞争的通行证。

　　中国建筑工程总公司历来十分注重企业技术标准的建设,将企业技术标准作为关系企业发展的重要基础工作来抓。2002年下半年又专门组织成立了企业技术标准化委员会,负责我集团技术标准的批准发布,为企业技术标准化建设提供了组织保障。去年下半年正式启动了企业技术标准的编制工作,制定并下发了企业技术标准规划方案,搭建了企业技术标准建设的基本框架,在统一中建系统企业技术标准模式上,出台了中建总公司技术标准编制细则和统一编制模式,按技术标准的不同种类规定出了编制方法,充分体现中建系统的技术优势和特色。

　　此次出版的系列标准是我们所编制的众多企业技术标准中的一类,也是其中应用最为普遍的常规施工工艺标准。该标准由中建总公司科技开发部负责统一策划组织,集团内中建一至八局、中建国际建设公司,以及其他专业公司等多家单位参与了编制工作,是我集团多年施工过程中宝贵经验的整合、总结和升华,体现了中建特色和技术优势。

本标准是根据施工验收规范量身订做的系列标准,包括混凝土、建筑装饰、钢结构、建筑屋面、防水、地基基础、地面工程、砌体工程、建筑电气、给排水及采暖、通风空调、电梯工程共12项施工工艺标准分册。具有如下特点:1.全书全线贯穿了建设部"验评分离、强化验收、完善手段、过程控制"的十六字方针;2.以国家新版14项验收规范量身定做,符合国家施工验收规范要求;3.融入了国家工程建设强制性条文的内容,对施工指导更具实时性;4.在标准中考虑了施工环境的南北差异,适合于中国各地企业;5.加入了环保及控制环境污染的措施,符合建筑业发展需要;6.通过大量的数据、文字以及图表形式对工艺流程进行了详尽描述,具有很强的现场指导性;7.在对施工技术进行指导的过程融入了管理的成分,更有利于推进项目整体管理水平。

本标准可以作为企业生产操作的技术依据和内部验收标准;项目工程施工方案、技术交底的蓝本;编制投标方案和签定合同的技术依据;技术进步、技术积累的载体。

在本标准编制的过程中,得到了建设部有关领导的大力支持,为我们提出了很多宝贵意见。许多专家也对该标准进行了精心的审定。在此,对以上领导、专家以及编辑、出版人员所付出的辛勤劳动,表示衷心的感谢。

编者

目 录

1 屋面保温层施工工艺标准 ·· 1
   1.1 总则 ··· 1
   1.2 术语 ··· 1
   1.3 基本规定 ··· 1
   1.4 施工准备 ··· 2
   1.5 材料和质量要点 ··· 4
   1.6 施工工艺 ··· 5
   1.7 质量标准 ··· 8
   1.8 成品保护 ··· 9
   1.9 安全环保措施 ·· 10
   1.10 质量记录 ··· 10

2 屋面找平层施工工艺标准 ··· 11
   2.1 总则 ·· 11
   2.2 术语 ·· 11
   2.3 基本规定 ·· 11
   2.4 施工准备 ·· 12
   2.5 材料和质量要点 ·· 13
   2.6 施工工艺 ·· 15
   2.7 质量标准 ·· 20
   2.8 成品保护 ·· 20
   2.9 安全环保措施 ·· 21
   2.10 质量记录 ··· 21

3 沥青防水卷材屋面防水层施工工艺标准 …… 22
3.1 总则 …… 22
3.2 术语 …… 22
3.3 基本规定 …… 23
3.4 施工准备 …… 23
3.5 材料和质量要点 …… 26
3.6 施工工艺 …… 28
3.7 质量标准 …… 31
3.8 成品保护 …… 32
3.9 安全环保措施 …… 33
3.10 质量记录 …… 33

4 高聚物改性沥青防水卷材屋面防水层施工工艺标准 …… 35
4.1 总则 …… 35
4.2 术语 …… 35
4.3 基本规定 …… 36
4.4 施工准备 …… 36
4.5 材料和质量要点 …… 39
4.6 施工工艺 …… 40
4.7 质量标准 …… 42
4.8 成品保护 …… 43
4.9 安全环保措施 …… 43
4.10 质量记录 …… 44

5 合成高分子防水卷材屋面防水层施工工艺标准 …… 46
5.1 总则 …… 46
5.2 术语 …… 46
5.3 基本规定 …… 47
5.4 施工准备 …… 49
5.5 材料和质量要点 …… 52

		5.6 施工工艺 ……………………………………	54
		5.7 质量标准 ……………………………………	61
		5.8 成品保护 ……………………………………	61
		5.9 安全环保措施 ………………………………	62
		5.10 质量记录 …………………………………	63
6	涂膜防水屋面工程施工工艺标准 ……………………		64
		6.1 总则 ………………………………………	64
		6.2 术语 ………………………………………	64
		6.3 基本规定 …………………………………	65
		6.4 施工准备 …………………………………	65
		6.5 材料和质量要点 …………………………	70
		6.6 施工工艺 …………………………………	74
		6.7 质量标准 …………………………………	77
		6.8 成品保护 …………………………………	79
		6.9 安全环保措施 ……………………………	79
		6.10 质量记录 ………………………………	79
7	刚性防水屋面工程施工工艺标准 ……………………		83
		7.1 总则 ………………………………………	83
		7.2 术语 ………………………………………	83
		7.3 基本规定 …………………………………	84
		7.4 施工准备 …………………………………	84
		7.5 材料和质量要点 …………………………	86
		7.6 施工工艺 …………………………………	87
		7.7 质量标准 …………………………………	91
		7.8 成品保护 …………………………………	92
		7.9 安全环保措施 ……………………………	93
		7.10 质量记录 ………………………………	93
8	平瓦屋面工程施工工艺标准 …………………………		94

8.1　总则 …………………………………………………… 94
　　8.2　术语 …………………………………………………… 94
　　8.3　基本规定 ……………………………………………… 94
　　8.4　施工准备 ……………………………………………… 95
　　8.5　材料和质量要点 ……………………………………… 98
　　8.6　施工工艺 ……………………………………………… 99
　　8.7　质量标准 …………………………………………… 104
　　8.8　成品保护 …………………………………………… 105
　　8.9　安全环保措施 ……………………………………… 105
　　8.10　质量记录 ………………………………………… 105
9　金属板材屋面工程施工工艺标准 ………………………… 107
　　9.1　总则 ………………………………………………… 107
　　9.2　术语 ………………………………………………… 107
　　9.3　施工准备 …………………………………………… 108
　　9.4　材料和质量要点 …………………………………… 110
　　9.5　施工工艺 …………………………………………… 111
　　9.6　质量标准 …………………………………………… 114
　　9.7　成品保护 …………………………………………… 116
　　9.8　安全环保措施 ……………………………………… 116
　　9.9　质量记录 …………………………………………… 117
10　架空隔热屋面工程施工工艺标准 ………………………… 118
　　10.1　总则 ………………………………………………… 118
　　10.2　术语 ………………………………………………… 118
　　10.3　基本规定 …………………………………………… 118
　　10.4　施工准备 …………………………………………… 119
　　10.5　材料和质量要点 …………………………………… 120
　　10.6　施工工艺 …………………………………………… 121
　　10.7　质量标准 …………………………………………… 125

10.8	成品保护 ……………………………………	126
10.9	安全环保措施 ………………………………	126
10.10	质量记录 ……………………………………	127

11 蓄水屋面工程施工工艺标准 …………………………… 128
11.1	总则 …………………………………………	128
11.2	术语 …………………………………………	128
11.3	基本规定 ……………………………………	128
11.4	施工准备 ……………………………………	130
11.5	材料和质量要点 ……………………………	131
11.6	施工工艺 ……………………………………	132
11.7	质量标准 ……………………………………	134
11.8	成品保护 ……………………………………	135
11.9	安全环保措施 ………………………………	135
11.10	质量记录 ……………………………………	135

12 种植屋面施工工艺标准 ………………………………… 137
12.1	总则 …………………………………………	137
12.2	术语 …………………………………………	137
12.3	基本规定 ……………………………………	137
12.4	施工准备 ……………………………………	138
12.5	材料和质量要点 ……………………………	139
12.6	施工工艺 ……………………………………	140
12.7	质量标准 ……………………………………	142
12.8	成品保护 ……………………………………	143
12.9	安全环保措施 ………………………………	143
12.10	质量记录 ……………………………………	143

13 细部构造施工工艺标准 ………………………………… 145
13.1	总则 …………………………………………	145
13.2	术语 …………………………………………	145

13.3	基本规定	146
13.4	施工准备	146
13.5	材料和质量要点	146
13.6	细部构造做法	147
13.7	质量标准	163
13.8	成品保护	164
13.9	安全环保措施	164
13.10	质量问题	164

1 屋面保温层施工工艺标准

1.1 总　　则

1.1.1 适用范围

本工艺标准适用于一般工业与民用建筑工程采用松散、板状保温材料或整体现浇的屋面保温层工程施工。

1.1.2 编制参考标准及规范

(1)《屋面工程质量验收规范》　　　　　GB 50207—2002
(2)《建筑工程施工质量验收统一标准》　GB 50300—2001
(3)《聚氨酯硬泡体防水保温工程技术规程》　JGJ 14—1999

1.2 术　　语

倒置式屋面：将保温层设置在防水层上的屋面。

1.3 基本规定

(1) 屋面工程所采用的保温隔热材料应有产品合格证和性能检测报告，材料的品种、规格、性能等应符合现行国家产品标准和设计要求。

(2) 保温层应干燥，封闭式保温层含水率应相当于该材料在当地自然风干状态下的平衡含水率。

（3）屋面保温层严禁在雨天、雪天和五级风及其以上时施工。施工环境气温宜符合表1.3的要求，施工完成后应及时进行找平层和防水层的施工。

屋面保温层施工环境气温　　　　　表1.3

项　目	施工环境气温
粘结保温层	热沥青不低于－10℃；水泥砂浆不低于5℃

（4）屋面保温层的施工质量检验批量：应按屋面面积每100m²，抽查一处，每处10m²，且不得少于3处。

（5）屋面保温层应进行隐蔽验收，施工质量应验收合格，质量控制资料应完整。

1.4 施工准备

1.4.1 技术准备

施工前，应进行图纸会审，掌握施工图中的细部构造及有关技术要求，并编制防水工程的施工方案或技术措施。

1.4.2 材料要求

（1）板状保温材料：产品应有出厂合格证，根据设计要求选用厚度（一般不小于3cm）、规格应一致，外观整齐；密度、导热系数、强度应符合设计要求。板状保温材料质量应符合表1.4.2的要求。

板状保温材料质量要求　　　　　表1.4.2

项　目	聚苯乙烯泡沫塑料		硬质聚氨酯泡沫塑料	泡沫玻璃	微孔混凝土类	膨胀憎水（珍珠岩）板	水泥聚苯颗粒板
	挤压	模压					
表观密度（kg/m³）	25～38	15～30	≥30	≥150	500～550	300～450	≤250

续表

项目	聚苯乙烯泡沫塑料		硬质聚氨酯泡沫塑料	泡沫玻璃	微孔混凝土类	膨胀憎水(珍珠岩)板	水泥聚苯颗粒板
	挤压	模压					
导热系数 [W/(m·K)]	≤0.03	0.039~0.041	≤0.027	≤0.062	≤0.14	≤0.12	0.07
抗压强度 (MPa)	—	—	—	≥0.4	≥2.0	≥0.3	0.3
70℃,48h后尺寸变化率(%)	≤2.0	2.0~4.0	≤5.0				
吸水率 (V/V,%)	≤1.5	2.0~6.0	≤3	≤0.5	—	—	—
外观质量	板材表面基本平整,无严重凹凸不平,厚度允许偏差不大于5%,且不大于4mm,憎水率≥98%						

(2)整体保温隔热材料:产品应有出厂合格证、样品的试验报告及材料性能的检测报告。根据设计要求选用厚度,壳体应连续、平整;密度、导热系数、强度应符合设计要求。

1)现喷硬质聚氨酯泡沫塑料:表观密度35~40kg/m³;导热系数≤0.03W/(m·K);压缩强度大于150kPa;封孔率大于92%。

2)板状制品:表观密度400~500kg/m³;导热系数0.07~0.08W/(m·K);抗压强度应≥0.1MPa。

1.4.3 主要机具

(1)机动机具:搅拌机、平板振捣器。

(2)工具:平锹、木刮杠、水平尺、手推车、木拍子、木抹子等。

1.4.4 作业条件

(1)铺设保温材料的基层施工完,将预制构件的吊钩等清除干净，残留的痕迹应磨平、处理点抹入水泥砂浆，经验收检查合格后，方可铺设保温材料。

（2）有隔汽层要求的屋面，应先将基层清扫干净，基层表面应干燥、平整，不得有松散、开裂、起鼓等缺陷。隔汽层的构造做法必须符合设计要求。

（3）穿过屋面和墙面等结构层的管根部位，应用细石混凝土填塞密实，以便将管根固定。

（4）板状保温材料的运输、存放应注意保护，防止破损、污染和受潮。

1.5 材料和质量要点

1.5.1 材料的关键要求

（1）材料的表观密度、堆积密度、导热系数等技术性能必须符合设计要求，应有试验资料。

（2）保温层的含水率必须符合设计要求。

（3）保温材料储运保管时应分类堆放，防止混杂，并采取防雨、防潮措施。块状保温板搬运时应轻放，防止损伤断裂、缺棱掉角，保证外形完整。

1.5.2 技术关键要求

（1）保温层基层应平整、干燥、干净。

（2）如屋面保温层干燥有困难，应采取排汽措施。

（3）施工屋面保温层铺筑厚度应满足设计要求，可采取拉线找坡进行控制。

1.5.3 质量关键要求

（1）应防止保温隔热层功能不良：避免出现保温材料表观密度过大，铺设前含水量大，未充分晾干等现象。施工选用的材料应达到技术标准，控制保温材料导热系数、含水量和铺实密度，保证保温的功能效果。

（2）铺设厚度应均匀：铺设时应认真操作，拉线找坡，铺顺平整，操作中避免材料在屋面上堆积二次倒运，保证匀质铺设及表面平整，铺设厚度应满足设计要求。

（3）保证保温层边角处质量：防止出现边线不直、边楞不齐整，影响屋面找坡、找平和排水。

（4）板块保温材料应铺贴密实，以确保保温、防水效果，防止找平层出现裂缝。应严格按照规范和质量验收评定标准的质量标准，进行严格验收。

1.5.4 职业健康安全关键要求

进行隔汽层、保温层施工时，要求正确佩带和使用个人防护用品。

1.5.5 环境关键要求

（1）聚苯板块为易燃材料，必须贮存在专用仓库或专用场地，应设专人进行管理。

（2）库房及现场施工隔汽层、保温层时严禁吸烟和使用明火，并配备消防器材和灭火设施。

1.6 施工工艺

1.6.1 工艺流程

基层清理及找平 → 弹线找坡 → 管根固定 → 隔汽层施工 → 保温层铺设 → 抹找平层

1.6.2 操作工艺

（1）基层清理：预制或现浇混凝土的基层表面，应将尘土、杂物等清理干净。基层不平整处,可采用水泥乳液腻子处理。如基层为现浇钢筋混凝土楼板,可在结构施工时直接压光找平。当采用水泥砂浆或细石混凝土找平时,应注意找平层分格缝的设置位置和间距要符合设计要求。

(2) 弹线找坡:按设计坡度及流水方向,找出屋面坡度走向,确定保温层的厚度范围。

(3) 管根固定:穿结构的管根在保温层施工前,应用细石混凝土塞堵密实。

(4) 隔汽层施工:1~3 道工序完成后,设计有隔汽层要求的屋面,应做隔汽层,涂刷均匀无漏刷。

1) 隔汽层采用单层卷材应满铺,可采取空铺法,其搭接宽度不得小于 70mm。

2) 隔汽层采用防水涂料时应满涂刷,不得漏刷。

3) 封闭式保温层,在屋面与墙的连接处,隔汽层应沿墙向上连续铺设,并高出保温层上表面且不得小于 150mm。

(5) 保温层铺设:屋面保温层干燥有困难时,应采取排汽措施。

1) 板状保温层铺设:见图 1.6.2-1。

① 干铺板块状保温层:直接铺设在结构层或隔汽层上,分层铺设时上下两层板块缝应相互错开,表面两块相邻的板边厚度应一致。板间缝隙应采用同类材料

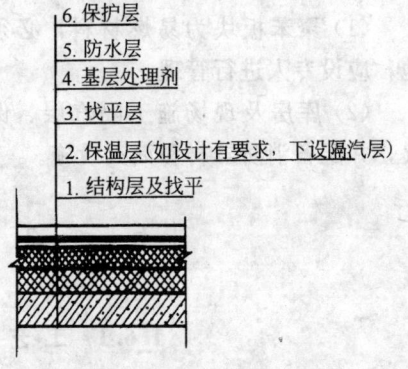

图 1.6.2-1 板块状保温层屋面

嵌填密实。一般在板状保温层上用松散湿料做找坡。

② 粘结铺设板块状保温层:板块状保温材料用粘结材料平粘在屋面基层上,应贴严、粘牢。一般用水泥、石灰混合砂浆粘

结；聚苯板材料应用沥青胶结材料。板缝间或缺角处应用碎屑加胶料拌匀填补严密。

2）整体保温层铺设

① 水泥白灰炉渣保温层：施工前用石灰水将炉渣闷透，不得小于3d，闷制前应将炉渣或水渣过筛，粒径控制在5～40mm，最好用机械搅拌，一般配合比为水泥：白灰：炉渣为1：1：8。铺设时分层滚压，控制虚铺厚度和设计要求的密度，应通过试验，保证保温性能。

② 沥青膨胀蛭石、沥青膨胀珍珠岩宜用机械搅拌，并应色泽一致，无沥青团；压实程度根据试验确定，其厚度应符合设计要求，表面应平整。

③ 现喷硬质聚氨酯泡沫塑料保温层应按配比准确计量，发泡厚度均匀一致。如基层表面温度过低时，可先薄薄地涂一层甲组涂料，然后喷涂施工。喷涂时要连续均匀（包括细部构造）。

3）保温层应干燥，封闭式保温层含水率应相当于该材料在当地自然风干状态下的平衡含水率。

(6) 冬期施工技术措施

1）冬期施工采用的屋面保温材料应符合设计要求，并不得含有冰雪、冻块和杂质。

2）干铺的保温层可在负温下施工，采用沥青胶结的整体保温层和板状保温层应在气温不低于－10℃时施工，采用水泥、石灰或乳化沥青胶结的整体保温层和板块状保温层应在气温不低于5℃时施工。当气温低于上述要求时，应采取保温、防冻措施。

3）采用水泥砂浆粘贴板状保温材料以及处理板间缝隙，可采用掺有防冻剂的保温砂浆，防冻剂掺量应通过试验确定。

4）雪天或五级风及以上的天气不得施工。

(7) 雨期施工技术措施

1）雨期，保温层施工过程中，保温层应采取遮盖措施，防止雨淋。

2）雨天不得施工保温层。

(8) 倒置式屋面：见图1.6.2-2。

1) 倒置式屋面应采用吸水率小、长期浸水不腐烂的保温材料。保温层上应用混凝土等块材、水泥砂浆或卵石做保护层；卵石保护层与保温层之间，应干铺设一层聚酯纤维无纺布做隔离层。板状保护层可干铺，也可用水泥砂浆铺砌。

2) 如设计要求采用倒置式屋面，其防水层要平整，不得有积水现象；对于檐口抹灰、薄钢板檐口安装等项，应严格按照施工顺序，在找平层施工前完成。

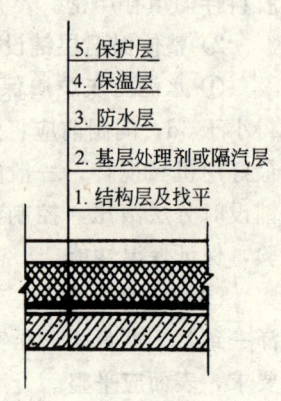

图1.6.2-2 倒置式屋面

3) 当采用倒置式屋面进行冬期施工时，应符合以下要求

① 当采用倒置式屋面进行冬期施工时，应选用憎水性保温材料，施工之前应检查防水层平整及有无结冰、霜冻或积水现象，合格后方可施工。

② 当采用聚苯乙烯泡沫塑料做倒置式屋面的保温层，可用机械方法固定，板缝和固定处的缝隙应用同类材料碎屑和密封材料填实，表面应平整无疵病。

③ 倒置式屋面的保温层上宜采用走道板、砾石等材料做覆盖保护，铺设厚度按设计要求应均匀一致。

1.7 质量标准

1.7.1 主控项目

(1) 保温材料的堆积密度或表观密度、导热系数以及板材的强度、含水率，必须符合设计要求。

检验方法：检查出厂合格证、质量检验报告和现场抽样复验报告。

(2) 保温层的含水率必须符合设计要求。

检验方法：检查现场抽样检验报告。

1.7.2 一般项目

(1) 保温层的铺设应符合下列要求。

1) 板状保温材料：紧贴（靠）基层，铺平垫稳，找坡正确，上下层错缝并嵌填密实。

2) 整体保温层：拌合均匀，分层铺设，压实适当，表面平整，找坡正确。

检验方法：观察检查。

(2) 保温层厚度的允许偏差：整体现浇保温层为+10%，-5%；板状保温材料为±5%，且不得大于4mm。

检验方法：用钢针插入和尺量检查。

(3) 当倒置式屋面保护层采用卵石铺压时，卵石应分布均匀，卵石的质（重）量应符合设计要求。

检验方法：观察检查和按堆积密度计算其质（重）量。

(4) 允许偏差项目：见表1.7.2。

保温（隔热）层的允许偏差　　　　表 1.7.2

项次	项	目	允许偏差（mm）	检验方法
1	整体保温层表面平整度	无找平层	5	用2m靠尺和楔形塞尺检查
		有找平层	7	
2	保温层厚度	整体	$-5\delta/100$，$+10\delta/100$	用钢针插入和尺量检查
		板状材料	$\pm 5\delta/100$ 且不大于4	
3	隔热层相邻高低差		3	用直尺和楔形塞尺检查

1.8 成品保护

(1) 隔汽层施工前，应将基层表面的砂、土、硬块等杂物清扫干净，防止降低隔汽效果。

（2）在已铺好的松散、板状或整体保温层上不得进行施工，其他作业施工前应采取必要保护措施，保证保温层不受损坏。

（3）保温层施工完成后，应及时铺抹水泥砂浆找平层，以保证保温效果。

1.9 安全环保措施

（1）对易燃材料，必须贮存在专用仓库或专用场地，应设专人进行管理。

（2）库房及现场施工隔汽层、保温层时，严禁吸烟和使用明火，并配备消防器材和灭火设施。

（3）工完场清，避免材料飞扬。

1.10 质量记录

本工艺标准应具备以下质量记录：
（1）材质及试验资料。
（2）保温隔热材料应有产品合格证和性能检测报告。
（3）工程质量验收记录。

2 屋面找平层施工工艺标准

2.1 总则

2.1.1 适用范围

本工艺标准适用于工业与民用建筑卷材防水屋面、涂膜防水屋面基层及防水屋面保温层上采用水泥砂浆、细石混凝土或沥青砂浆进行整体找平层施工。

2.1.2 编制参考标准及规范

(1)《屋面工程质量验收规范》　　　　　GB 50207—2002
(2)《建筑工程施工质量验收统一标准》　GB 50300—2001

2.2 术语

分格缝：在屋面找平层上按一定距离预先留设的缝。

2.3 基本规定

(1) 屋面找平层的施工质量检验批量：应按屋面面积每100m^2抽查一处，每处10m^2，且不得少于3处。

(2) 屋面找平层应进行隐蔽验收，施工质量应验收合格，质量控制资料应完整。

2.4 施工准备

2.4.1 技术准备

施工前,应进行图纸会审,掌握施工图中的细部构造及有关技术要求,并编制防水工程的施工方案或技术措施。

2.4.2 材料要求

(1) 水泥砂浆

1) 水泥:强度等级不低于32.5级的普通硅酸盐水泥。

2) 砂:宜用中砂,含泥量不大于3%,不含有机杂质,级配良好。

(2) 沥青砂浆

1) 沥青采用60号甲、60号乙的道路石油沥青或75号普通石油沥青。

2) 砂:中砂,含泥量不大于3%,不含有机杂质。

3) 粉料:可采用矿渣粉、页岩粉、滑石粉等。

(3) 砂浆配合比

水泥砂浆体积比1:2.5~1:3(水泥:砂);沥青砂浆重量配合比1:8(沥青:砂)。

(4) 细石混凝土:强度等级不应低于C20。

1) 水泥、砂的材料要求同水泥砂浆。

2) 石:石应符合现行的行业标准《普通混凝土用碎石或卵石质量标准及检验方法》的规定,其最大粒径不应大于找平层厚度的2/3。

3) 粉状填充料:粉状填充料应采用磨细的石料、砂或炉灰、粉煤灰、页岩灰和其他粉状的矿物质材料。不得采用石灰、石膏、泥岩灰或黏土作为粉状填充料。粉状填充料中小于0.08mm的细颗粒含量不小于85%,采用振动法使粉状填充料密实时,其空隙率不应大于45%，含泥量不应大于3%。

2.4.3 主要机具

（1）机械：砂浆搅拌机或混凝土搅拌机。

（2）工具：运料手推车、铁锹、铁抹子、水平刮杠、水平尺、沥青锅、炒盘、压滚、烙铁。

2.4.4 作业条件

（1）找平层施工前，基层或屋面保温层应进行检查验收，并办理验收手续。

（2）各种穿过屋面的预埋管件、烟囱、女儿墙、暖沟墙、伸缩缝等根部，应按设计施工图及规范要求处理好。

（3）根据设计要求的标高、坡度，找好规矩并弹线（包括天沟、檐沟的坡度）。

（4）施工找平层时应将原表面清理干净，进行处理，有利于基层与找平层的结合，如浇水湿润、刷素水泥浆、喷涂沥青稀料等。

（5）找平层的基层应干燥、平整，表面不得有冰层或积雪，当找平层基层采用装配式钢筋混凝土板时，施工找平层前应具备以下条件：板端、侧缝用细石混凝土灌缝密封处理。其强度等级不应低于C20，如板缝宽度大于40mm或上窄下宽时，板缝内应设置构造钢筋。

2.5 材料和质量要点

2.5.1 材料的关键要求

所用原材料、配合比必须符合设计要求。

2.5.2 技术关键要求

（1）屋面找平层的排水坡度必须符合设计要求。

(2) 屋面找平层施工时宜设分格缝，控制裂缝的产生。

2.5.3 质量关键要求

(1) 找平层应粘结牢固，没有松动、起壳、起砂等现象。水泥砂浆找平层施工后应加强养护，避免早期脱水；控制加水量，掌握抹压时间，成品不能过早上人。

(2) 找平层应防止空鼓、开裂。基层表面清理不干净，水泥砂浆找平层施工前未用水湿润好，造成空鼓；应重视基层清理，认真施工结合层工序，注意压实。由于砂子过细、水泥砂浆级配不好、找平层厚薄不匀、养护不够，均可造成找平层开裂；注意使用符合要求的砂料，保温层平整度应严格控制，保证找平层的厚度基本一致，加强成品养护，防止表面开裂。

(3) 找平层的坡度必须准确，符合设计要求，不能倒泛水。保温层施工时须保证找坡泛水，抹找平层前应检查保温层坡度泛水是否符合要求，铺抹找平层应掌握坡向及厚度。

(4) 水落口周围的坡度应准确，水落口杯与基层接触处应留宽20mm、深20mm凹槽，嵌填密封材料。

2.5.4 职业健康安全关键要求

(1) 进行屋面找平层施工时，要求正确佩带和使用个人防护用品。

(2) 高处作业屋面的周围边沿和预留孔洞处，必须按"洞口、临边"防护规定进行安全防护。

2.5.5 环境关键要求

(1) 现场施工时严禁吸烟和使用明火，并配备消防器材和灭火设施，周围30m以内不准有易燃物。

(2) 工完场清，避免材料飞扬。

2.6 施工工艺

2.6.1 工艺流程

基层清理 → 管根封堵 → 标高坡度弹线 → 洒水湿润 → 施工找平层（水泥砂浆及沥青砂浆找平层）→ 养护 → 验收

2.6.2 操作工艺

(1) 基层清理：将结构层、保温层上表面的松散杂物清扫干净，突出基层表面的灰渣等粘结杂物要铲平，且不得影响找平层的有效厚度。

(2) 管根封堵：大面积做找平层前，应先将出屋面的管根、变形缝、屋面暖沟墙根部处理好。

(3) 抹水泥砂浆找平层的做法：厚度要求：整体混凝土板为15～20mm；装配式混凝土板、松散材料保温层20～30mm、整体或板状材料隔热保温层为20～25mm。

1) 洒水湿润

① 设计无保温层时：抹水泥砂浆找平层前，应适当洒水湿润基层表面，主要是利于基层与找平层的结合，但不可洒水过量，以免影响找平层表面的干燥，使防水层施工后窝住水气，导致防水层产生空鼓。所以洒水达到基层和找平层能牢固结合为度。也可在混凝土构件表面上用扫帚均匀涂刷水泥浆，随刷随做水泥砂浆找平层。

② 设计有保温层时：不得浇水。

2) 贴点标高、冲筋：根据坡度要求，拉线找坡，一般按1～2m贴点标高（贴灰饼）铺抹找平砂浆时，先按流水方向以间距1～2m冲筋，并设置找平层分格缝，找平层分格缝可兼做排汽屋面的排汽道，排汽道应纵横连通并与排汽孔相通。排汽孔可设在檐口下或屋面排汽道交叉处，排汽孔应做防水处理。分格缝宽度一般为12～15mm，并且将缝与保温层连通，分格缝最大间距不宜大于6m。放置分格缝木条的方法是：在已定分格缝的位置上放置分格缝木条，木条上平与灰筋上平一致，同时用水泥砂浆固定牢固，然后使用与灰筋同类的水泥砂浆进行装档抹灰，以灰筋和木条为准用木杠搓平，待收水后用铁抹子压实抹平，终凝前取出分格条。

3) 铺抹水泥砂浆：按分格块装灰、铺平，用刮杠靠冲筋条刮平，找坡后用木抹子搓平，用铁抹子压光；待浮水沉失后（人踏上去有脚印但不下陷为度），再用铁抹子压第二遍即可交活。找平层水泥砂浆一般体积比为1:2.5～1:3，拌合稠度控制在7cm。在抹找平层的同时，凡基层与突出屋面结构的连接处、转角处，均应做成半径为30～150mm的圆弧或斜长为100mm的钝角。立面抹灰高度应符合设计要求但不得小于250mm，卷材收头的凹槽内抹灰应呈45°。排水口周围应做半径为500mm和坡度不小于5‰的环形洼坑。

4) 细石混凝土宜采用机械搅拌和机械振捣。浇筑时混凝土的坍落度应控制在10mm，振捣密实。

5) 养护：找平层抹平、压实以后12h可浇水养护或喷冷底子油养护，一般养护期为7d，经干燥后铺设防水层。

(4) 沥青砂浆找平层的做法：厚度要求：整体混凝土板为15～20mm；装配式混凝土板、整体或板状材料隔热保温层为20～25mm；天沟、屋面突出物的根部50mm范围内不小于25mm。

1) 喷刷冷底子油：基层清理干净，喷涂两道均匀的冷底子油，涂刷后表面保持清洁，作为沥青砂浆找平层的结合层。

2) 冷底子油干燥后，可铺设沥青砂浆，其虚铺厚度约为压实后的厚度的1.30～1.40倍。

3) 配制沥青砂浆：先将沥青熔化脱水，预热至120～140℃；中砂和粉料拌合均匀，加入预热熔化的沥青拌合，并继续加热至要求温度，但不应升温过高，防止沥青炭化变质。沥青砂浆施工的温度要求见表2.6.2-1。

沥青砂浆施工的温度要求　　　表2.6.2-1

室外温度（℃）	沥青砂浆温度（℃）		
	拌　制	开始滚压	滚压完毕
5℃以上	140～170	90～100	60
－10～5℃	160～180	110～130	40

4）沥青砂浆铺设

① 铺设找平饼、找坡饼，间距1～1.5m。

② 按找平、找坡线拉线铺饼后，采取分段流水作业铺设沥青砂浆，虚铺厚度为实际厚度的1.3～1.4倍；用长把刮板刮平，经火辊滚压，边角处可用烙铁烫平，压实达到表面平整、密实、无蜂窝、看不出压痕为好。

③ 留置施工缝时，宜留成斜槎，继续施工时，将接缝处清理干净，并刷热沥青一道，然后铺沥青砂浆，再用火滚或烙铁烫平。

④ 铺设沥青砂浆时，滚筒内的炉火及灰烬注意不要外泄在沥青砂浆上。

⑤ 分格缝留置的间距，不宜大于6m，缝宽一般为20mm，如兼做排汽屋面的排汽道时，适当加宽，并与保温层连通。分格缝应附加250mm宽的油毡，用沥青胶结材料单边点贴覆盖，见图2.6.2。

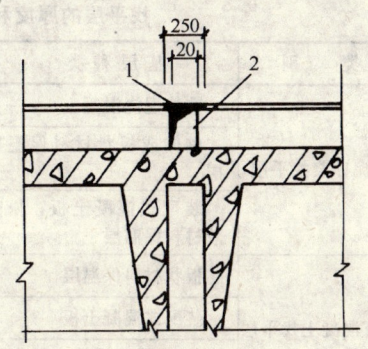

图2.6.2　分格缝兼做排汽孔
1—干铺油毡条宽250mm；
2—找平层分格缝做排汽孔

⑥ 沥青砂浆铺设后，宜在当天铺第一层卷材，否则要用卷材盖好，防止雨水、露水浸入。

(5) 冬期施工技术措施

1) 屋面找平层应牢固坚实，表面无凹凸、起砂、起鼓现象；如有积雪、残留冰霜、杂物等应清扫干净。

2) 制作水泥砂浆时应依据气温和养护温度要求掺入防冻剂，其掺量由试验确定。

3) 当采用氯化钠防冻剂时宜选用普通硅酸盐水泥或矿渣硅酸盐水泥，严禁使用高铝水泥；砂浆强度不应低于 $3.5N/mm^2$，施工温度不低于 $-7℃$，氯化钠掺量应按表 2.6.2-2 采用。

找平层水泥砂浆氯化钠掺量（占水重量%） 表 2.6.2-2

项 目	施工时室外气温（℃）		
	0～-2	-3～-5	-6～-7
用于平面部位	2	4	6
用于檐口、天沟等部位	3	5	7

4) 采取有效的保温措施。

(6) 找平层的厚度和技术要求应符合表 2.6.2-3 的规定。

找平层的厚度和技术要求　　表 2.6.2-3

类 别	基层种类	厚度（mm）	技术要求
水泥砂浆找平层	整体现浇混凝土	15～20	1：2.5～1：3（水泥：砂）体积比，水泥强度等级不低于 32.5 级，宜掺膨胀剂，抗裂纤维等材料
	整体或板状材料保温层	20～25	
	装配式混凝土板，松散材料保温层	20～30	
细石混凝土找平层	板状材料保温层	30～35	混凝土强度等级不低于 C20
	装配式混凝土板	20～30	
	较低强度板块、松散材料保温层	30～35	
沥青砂浆找平层	整体现浇混凝土	15～20	1：8（沥青：砂）重量比
	装配式混凝土板，整体或板状材料保温层	20～25	
混凝土随浇随抹找平层	整体现浇混凝土	—	原浆或聚合物水泥砂浆表面刮平

(7) 找平层转角处圆弧半径应符合表 2.6.2-4 的规定。

找平层转角处圆弧半径　　　表 2.6.2-4

卷材种类	圆弧半径（mm）	卷材种类	圆弧半径（mm）
沥青防水卷材	100～150	合成高分子防水卷材	20
高聚物改性沥青防水卷材	50		

(8) 排汽道：在潮湿的隔热保温层上做卷材防水层，为保证质量，屋面应采用排汽的方法。

1) 一般要求

① 排汽道应留设在预制板支承边的拼缝处，其纵横向的最大间距宜为 6m，道宽不宜小于 80mm。

② 屋面每 36m^2 宜设置一个排汽孔，排汽道应与排汽孔相互沟通，并均与大气连通，不得堵塞，排汽孔做防水处理。

③ 在条件允许下，排汽道应与屋面已有的排汽管道相通，以减少排汽孔的设置。

④ 找平层分格缝的位置应与保温层及排汽道位置一致，以便兼做排汽道。

2) 施工方法

① 有保温层屋面排汽道的做法：首先确定排汽道的位置、走向及出汽孔的位置。在板状隔热保温层施工时，当粘铺板块时，应在已定的排汽道位置处拉开 80～140mm 的通缝，缝内用大粒径、大孔洞炉渣填平，中间留设 12～15mm 的通缝，再抹找平层。铺设防水层前，在排汽槽位置处，找平层上部附加宽度为 300mm 单边点粘的卷材覆盖层。

② 有找平层无保温层屋面排汽道做法：首先确定排汽道的位置、走向及出汽孔的位置。分格缝做排汽道的间距以 4～5m 为宜，不宜大于 6m，缝宽度 12～15mm，铺设防水层前，缝上部附加宽度 250mm 单边点粘的卷材覆盖层。

2.7 质量标准

2.7.1 主控项目

(1) 找平层的材料质量及配合比，必须符合设计要求。

检验方法：检查出厂合格证、质量检验报告和计量措施。

(2) 屋面（含天沟、檐沟）找平层的排水坡度，必须符合设计要求，平屋面采用结构找坡不应小于3％，采用材料找坡宜为2％；天沟、檐沟纵向坡度不应小于1％，沟底水落差不得超过200mm；

检验方法：用水平仪（水平尺）、拉线和尺量检查。

2.7.2 一般项目

(1) 基层与突出屋面结构的交接处和基层的转角处，均应做成圆弧形，且整齐平顺；内部排水的水落口周围，找平层应做成略低的凹坑。

检验方法：观察和尺量检查。

(2) 水泥砂浆、细石混凝土找平层应平整、压光，不得有酥松、起皮现象；沥青砂浆找平层不得有拌合不匀、蜂窝现象。

检验方法：观察检查。

(3) 找平层分格缝的位置和间距，应符合设计要求。

检验方法：观察和尺量检查。

(4) 找平层表面平整度的允许偏差为5mm。

检验方法：用2m靠尺和楔形塞尺检查。

2.8 成品保护

(1) 抹好的找平层上，推小车运输时，应先铺脚手板车道，以防止破坏找平层表面。

(2) 找平层施工完毕，未达到一定强度时不得上人踩踏。
(3) 雨水口、内排雨水口施工过程中，应采取临时措施封口，防止杂物进入堵塞。

2.9 安全环保措施

(1) 现场施工时严禁吸烟和使用明火，并配备消防器材和灭火设施。
(2) 工完场清，避免材料飞扬。
(3) 高处作业屋面的周围边沿和预留孔洞处，必须按"洞口、临边"防护规定进行安全防护。

2.10 质量记录

本工艺标准应具备以下质量记录：
(1) 出厂合格证、质量检验报告。
(2) 工程质量验收记录。

3 沥青防水卷材屋面防水层施工工艺标准

3.1 总则

3.1.1 适用范围

本工艺标准适用于工业与民用建筑工程坡度小于25%的Ⅲ~Ⅳ级屋面采用沥青卷材防水层的施工。

3.1.2 编制参考标准及规范

(1)《石油沥青纸胎油毡》　　　　　　　GB 326—89
(2)《沥青复合胎柔性防水卷材》　　　　JC/T 690—1998
(3)《石油沥青玻璃纤维胎油毡》　　　　GB/T 14686—93
(4)《屋面工程质量验收规范》　　　　　GB 50207—2002
(5)《建筑工程质量验收统一标准》　　　GB 50300—2001

3.2 术语

(1) 沥青防水卷材：指石油沥青纸胎油毡、沥青复合胎柔性防水卷材、石油沥青玻璃纤维胎油毡。

(2) 分格缝：屋面找平层、刚性防水层刚性保护层上预先留设的缝。

(3) 满贴法：铺贴防水卷材时，卷材与基层采用全部粘结的施工方法。

(4)空铺法：铺贴防水卷材时，卷材与基层在周边一定宽度内粘结，其余部分不粘结的施工方法。

(5)点粘法：铺贴防水卷材时，卷材或打孔卷材与基层采用点状粘结的施工方法。

(6)条粘法：铺贴防水卷材时，卷材与基层采用条状粘结的施工方法。

3.3 基本规定

(1)沥青玛琋脂必须按配合比严格配料、熬制，使用温度不应低于200℃，不应高于240℃。

(2)沥青防水卷材搭接宽度：满粘法，长边不小于70mm、短边不小于100mm；空铺、点粘、条粘，长边不小于100mm、短边不小于150mm。其误差不得大于10mm。

(3)沥青玛琋脂应涂刮均匀，不得过厚或堆积。

(4)粘结层厚度：热沥青玛琋脂宜为1～1.5mm，冷沥青玛琋脂宜为0.5～1mm；面层厚度：热沥青玛琋脂宜为2～3mm，冷沥青玛琋脂宜为1～1.5mm。

3.4 施工准备

3.4.1 技术准备

屋面施工前，应掌握施工图的要求，选择合格的防水工程专业队，操作工人必须经培训合格并有上岗证；编制防水工程施工方案；建立自检、交接检和专职人员检查的"三检"制度；水、电设备等安装队伍已会签，确认屋面不会再剔砸孔洞。

3.4.2 材料要求

(1)卷材：沥青防水卷材品种、标号、质量、技术性能，必须符合设计和施工技术规范的要求，并应复试达到合格。常用的有沥青纸胎油毡、沥青玻纤胎油毡、沥青复合胎柔性防水卷材等。

1) 沥青防水卷材规格见表 3.4.2-1。

沥青防水卷材规格　　　　　　　　表 3.4.2-1

标　号	宽度（mm）	每卷面积（mm²）	卷重（kg）	
350 号	915 1000	20±0.3	粉毡	≥28.5
			片毡	≥31.5
500 号	915 1000	20±0.3	粉毡	≥39.5
			片毡	≥42.5

2) 沥青防水卷材的外观质量和物理性能应符合表 3.4.2-2、表 3.4.2-3 的要求。

沥青防水卷材的外观质量　　　　　　表 3.4.2-2

项　目	质量要求
孔洞、硌伤	不允许
露胎、涂盖不均匀	不允许
折纹、皱折	距卷芯 1000mm 以外，长度不大于 100mm
裂　纹	距卷芯 1000mm 以外，长度不大于 10mm
裂口、缺边	边缘裂口小于 20mm；缺边长度小于 50mm，深度小于 20mm
每卷卷材的接头	不超过 1 处，较短的一段不应小于 2500mm，接头处应加长 150mm

沥青防水卷材的物理性能　　　　　　表 3.4.2-3

项　目		性能要求	
		350 号	500 号
纵向拉力（25±2℃）(N)		≥340	≥440
耐热度（85±2℃，2h）		不流淌、无集中性气泡	
柔度（18±2℃）		绕 φ20mm 圆棒无裂纹	绕 φ25mm 圆棒无裂纹
不透水性	压力（MPa）	≥0.10	≥0.15
	保持时间（min）	≥30	≥30

3) 沥青玻纤布胎防水卷材技术性能见表3.4.2-4。

沥青玻纤布胎防水卷材技术性能 表3.4.2-4

项 目		性能指标
玻璃纤维布重量（g/m²）不大于		103
抗剥离性（剥离面积）不小于		2/3
不透水性	压力（MPa）不小于	0.2
	保持时间（min）不少于	30
吸水性（%）不大于		0.1
耐热度		在85±2℃温度下受热2h，涂盖层无滑动
拉力（N）在18±2℃时纵向不小于		200
柔度在0℃时		绕φ20mm圆棒无裂纹

4) 沥青玛琋脂的质量要求见表3.4.2-5。

沥青玛琋脂质量要求 表3.4.2-5

指标名称 \ 标号	S-60	S-65	S-70	S-75	S-80	S-85
耐热度	用2mm厚的沥青玛琋脂粘合两张沥青油纸，在不低于下列温度（℃）中，在1∶1坡度上停放5h后，不应流淌，油纸不应滑动					
	60	65	70	75	80	85
柔度	涂在沥青油纸上的2mm厚的沥青玛琋脂层，在18±2℃时围绕下列直径（mm）的圆棒，用2s的时间以均衡速度弯成半周，玛琋脂不应有裂纹					
	10	15	15	20	25	30
粘结力	用手将两张粘贴在一起的油纸慢慢地一次撕开，从油纸和玛琋脂粘贴面的任何一面的撕开部分，应不大于粘贴面积的1/2					

注：玛琋脂与玻璃布胎沥青油毡卷材配套使用，便于冷作业施工。

(2) 胶结材料

1) 建筑石油沥青10号、30号或道路石油沥青60号甲、60

号乙。

2）填充料：滑石粉、板岩粉、云母粉、石棉粉，其含水率不大于3%，粉状通过0.045mm方孔筛筛余量不大于20%。

(3) 其他材料：沥青防水卷材的其他材料有豆石、汽油、煤油、麻丝、苯类、玻璃布等。豆石要求粒径3～5mm，必须干净、干燥。

3.4.3 主要机具

(1) 沥青专用锅、保温车、炉灶、鼓风机等。
(2) 油桶、油壶、笊篱（漏勺）、铁锹、刮板、棕刷、温度计（350～400℃）。
(3) 消防器材用具、灭火器等。

3.4.4 作业条件

作业面施工前应具备的基本条件如下：

(1) 屋面施工应按施工工序进行检验，基层表面必须平整、坚实、干燥、清洁，且不得有起砂、开裂和空鼓等缺陷。

(2) 屋面防水层的基层必须施工完毕，经养护、干燥，且坡度应符合设计和施工技术规范的要求，不得有倒坡积水现象。

(3) 防水层施工前，突出屋面的管根、预埋件、楼板吊环、拖拉绳、吊架子固定构造等处，应做好基层处理；阴阳角、女儿墙、通气囱根、天窗、伸缩缝、变形缝等处，应做成半径为30～150mm的圆弧或钝角（阳角可为$R=30$mm）。

3.5 材料和质量要点

3.5.1 材料的关键要求

(1) 沥青防水卷材屋面防水卷材的品种、标号等技术性能，必须符合设计和技术规范的要求。卷材有纸胎、玻纤胎、麻布胎，性能差异较大，进场时要有合格证，进场后要有复验合格证，必须达到要求方可使用。

（2）沥青防水卷材胶结材料的选材必须与卷材相匹配。

（3）配制玛琋脂中所用的填充料含水率不宜大于3%，粉状填充料全部通过0.21mm孔径的筛子，其中，大于0.085mm的颗粒不应超过15%。

3.5.2 技术关键要求

（1）沥青玛琋脂必须按试验室的配合比严格执行。

（2）沥青玛琋脂的熬制温度和使用温度必须严格控制，不得过低或过高。且每个工作班组均应检查耐热度（软化点）和柔韧性。

（3）排汽道、排汽帽必须畅通。

3.5.3 质量关键要求

（1）应采用搭接法铺设，并按不同粘贴方法满足搭接宽度。

（2）在女儿墙、檐沟墙、天窗壁、变形缝、烟囱根、雨水口、屋脊等部位做好附加层和防水收头处理是防水的关键，必须认真按技术规程认真执行。

3.5.4 职业健康安全关键要求

（1）沥青玛琋脂的熬制及施工中均有臭味及毒素，除按规定给操作人员发放劳保食品外，操作中必须配备足够的劳保用品，防止中毒和烫伤。

（2）施工前必须有书面及口头的安全交底，施工中严格按安全技术规定执行。

（3）施工卷材操作中，人必须站在上风方向，要有足够的防火工具和设施。

3.5.5 环境关键要求

（1）沥青玛琋脂的熬制有很大的臭味，含有毒素，城市市区禁止使用沥青油毡卷材屋面。

（2）沥青玛琋脂及卷材均属易燃品，在存放及现场施工中都应注意防火。

3.6 施工工艺

3.6.1 工艺流程

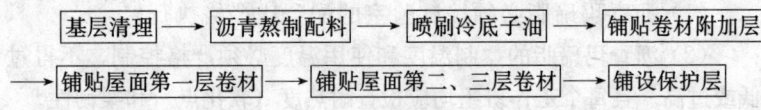

3.6.2 操作工艺

（1）基层清理：防水屋面施工前，将验收合格的基层表面的尘土、杂物清扫干净。

（2）沥青熬制配料

1）沥青熬制：先将沥青破成碎块，放入沥青锅中逐渐均匀加热，加热过程中随时搅拌，熔化后用笊篱（漏勺）及时捞清杂物，熬至脱水无泡沫时进行测温，建筑石油沥青熬制温度不应高于240℃，使用温度不低于200℃。

2）冷底子油配制：熬制的沥青装入容器内，冷却至110℃，缓慢注入汽油，随注入随搅拌，使其全部溶解为止，配合比（重量比）为汽油70%、石油沥青30%。

3）沥青玛琋脂配制：按试验室确定的配合比（重量比）严格进行配料、熬制，每个工作班均应检查耐热度和柔韧性。由于耐热度试验时间长，通常由试验室所用原材料试配，确定耐热度和相对应的软化点数据后，每个工作班再进行软化点和柔韧性检查。

（3）喷刷冷底子油：沥青卷材防水屋面在粘贴卷材前，应将基层表面清理干净，保持干燥，大面积喷刷前，应将边角、管根、雨水口等处先喷刷一遍，然后大面积喷刷第一遍，待第一遍涂刷冷底子油干燥后，再喷刷第二遍，要求喷刷均匀无漏底，干燥后方可铺粘卷材。

（4）铺贴卷材附加层：沥青防水卷材屋面，在女儿墙、檐沟墙、天窗壁、变形缝、烟囱根、管道根与屋面的交接处及檐口、天沟、斜沟、雨水口、屋脊等部位，按设计要求先做卷材附加层。排汽道、排汽帽必须畅通，排汽道上的附加层必须单面点粘，宽度不小于250mm。

（5）铺贴屋面第一层防水卷材

1）铺贴防水卷材的方向：应根据屋面的坡度及屋面是否受振动和历年主导风向等情况（必须从下风方向开始），坡度小于3％时，宜平行屋脊铺贴；坡度在3％～15％时，平行或垂直于屋脊铺贴；当坡度大于15％或屋面受振动，卷材应垂直于屋脊铺贴。

2）铺贴防水卷材的顺序：先铺贴排水比较集中的部位，如雨水口、檐口、天沟等处。高低跨连体屋面，应先铺高跨后铺低跨，铺贴应从最低标高处开始往高标高的方向滚铺；浇热沥青玛琋脂应沿防水卷材滚动的横向成蛇形操作，铺贴操作人员用两手紧压防水卷材卷向前滚压铺设，应用力均匀，以将浇热沥青玛琋脂挤出、粘实、不存空气为度，并将挤出沿边的玛琋脂刮去，以刮平为度；粘结材料厚度宜为1～1.5mm，冷玛琋脂厚宜为0.51mm。

3）铺贴各层防水卷材搭接宽度：长边不小于70mm，短边不小于100mm。上下层卷材不得相互垂直铺贴。若第一层卷材采用点、条、空铺方法，其长边搭接不小于100mm，短边不小于150mm。

（6）铺贴屋面第二层防水卷材：卷材防水层若为五层做法，即两毡三油，做法同第一层。第一层与第二层卷材错开搭接接缝不小于250mm。搭接缝用玛琋脂封严；设计无板块保护层的屋面，应在涂刷最后一道热玛琋脂（厚度宜为2～3mm）时随涂随将豆石保护层撒在上面，注意均匀粘结。

(7) 铺贴屋面第三层防水卷材：卷材防水层若为七层做法，操作同第一层，第三层卷材与第二层卷材错开搭接缝。

(8) 铺贴卷材防水层细部构造

1) 无组织排水檐口：在 800mm 宽范围内卷材应满贴，卷材收头应固定封严。

2) 突出屋面结构处防水做法：屋面与突出屋面结构的连接处，铺贴在立墙上的卷材高度应不小于 250mm，一般可用叉接法与屋面卷材相互连接，将上端收头固定在墙上，如用薄钢板泛水覆盖时，也应将卷材上端先固定在墙上，然后再做钢板泛水，并将缝隙用密封材料嵌封严密。

3) 水落口卷材防水做法：内部排水铸铁雨水口，应牢固地固定在设计位置，安装前应清除铁锈，刷好防锈漆，水落口连接的各层卷材应牢固地粘贴在杯口上，压接宽度不小于 100mm。水落口周围 500mm 范围，泛水坡度不小于 5%；基层与水落口杯接触处应留 20mm 宽、20mm 深凹槽，填嵌密封材料。

4) 伸出屋面管道根部做法：根部周围做成圆锥台，管道与找平层相接处留凹槽，嵌密封材料，防水层收头处用钢丝箍紧，并嵌密封材料。

(9) 铺设卷材保护层

1) 绿豆砂保护层：一般油毡屋面铺设绿豆砂（小豆石）保护层，豆石必须洁净、干燥，粒径为 3~5mm，要求材质耐风化，将绿豆砂预热至 100℃ 左右，在清扫干净的卷材防水层表面上刮涂 2~3mm 厚的热沥青玛瑞脂，同时铺撒热绿豆砂，并进行滚压，使两者粘结牢固，清除未粘牢的豆石。

2) 刚性保护层：如为上人屋面，则做砂浆、细石混凝土或块材保护层，但水泥砂浆、细石混凝土、块材保护层与卷材间应设隔离层；刚性保护层的分格缝留置应符合设计要求，设计无要求的，水泥砂浆保护层的分格面积必须为 $1m^2$，缝宽、深均为 10mm，内填沥青砂浆；块材保护层分格面积不宜大于 $100m^2$，缝宽不宜小于 20mm；细石混凝土保护层分格面积不大于 $36m^2$；

刚性保护层与女儿墙、山墙间应预留30mm宽的缝,并用密封材料嵌填严密。女儿墙内侧砂浆保护层分格间距应不大于1m,缝宽、深为10mm,内填沥青砂浆。保护层的分格缝必须与找平层、保温层的分格缝上下对齐。

(10) 冬期施工:沥青防水卷材屋面必须在5℃以上施工,凡没有保温措施,达不到5℃者,不得进行沥青防水卷材施工。

3.7 质量标准

3.7.1 主控项目

(1) 沥青防水卷材和胶结材料的品种、标号及玛琦脂配合比,必须符合设计要求和屋面工程技术规范的规定。

检验方法:检查防水队的资质证明、人员上岗证、材料的出厂合格证及复验报告。

(2) 沥青防水卷材屋面防水层,严禁有渗漏现象。

检验方法:检查隐蔽工程验收记录及雨后检查或淋水、蓄水检验记录。

3.7.2 一般项目

(1) 沥青卷材防水层的表面平整度应符合排水要求,无倒坡现象。

(2) 沥青防水卷材铺贴的质量,冷底子油应涂刷均匀,铺贴方法、压接顺序和搭接长度符合屋面工程技术规范的规定,粘贴牢固,无滑移、翘边、起泡、皱折等缺陷。油毡的铺贴方向正确、搭接宽度误差不大于10mm。观察及尺量。

(3) 泛水、檐口及变形缝的做法应符合屋面工程技术规范的规定,粘贴牢固、封盖严密;油毡卷材附加层、泛水立面收头等,应符合设计要求及屋面工程技术规范的规定。

(4) 沥青防水卷材屋面保护层

1) 绿豆砂保护层：粒径符合屋面工程技术规范的规定，筛洗干净，撒铺均匀，预热干燥，粘结牢固，表面清洁。

2) 块体材料保护层：表面洁净，图案清晰，色泽一致，接缝均匀，周边直顺，板块无裂纹、缺棱掉角等现象；坡度符合设计要求，不倒泛水、不积水，管根结合处严密牢固、无渗漏。立面结合与收头处高度一致，结合牢固，出墙厚度适宜。

3) 整体保护层：表面密实光洁，无裂纹、脱皮、麻面、起砂等现象；不倒泛水、不积水，坡度符合设计要求；管根结合、立面结合、收头结合牢固，无渗漏。水泥砂浆保护层表面应压光，并设1m×1m的分格缝（缝宽、深宜为10mm，内填沥青砂浆或镶缝膏）。

检验方法：观查和尺量检查。

(5) 排气屋面：排气道纵横贯通，无堵塞，排气孔安装牢固、位置正确、封闭严密。

(6) 水落口及变形缝、檐口：水落口安装牢固、平正，标高符合设计要求；变形缝、檐口薄钢板安装顺直，防锈漆及面漆涂刷均匀、有光泽。镀锌钢板水落管及伸缩缝必须内外刷锌磺底漆，外面再按设计要求刷面漆。

3.7.3 允许偏差项目

允许偏差项目见表3.7.3。

沥青防水卷材屋面允许偏差　　　　表3.7.3

项次	项目	允许偏差	检查方法
1	卷材搭接宽度	－10mm	尺量检查
2	玛琋脂软化点	±5℃	检查铺贴时测温记录
3	沥青胶结材料使用温度	－10℃	

3.8 成品保护

(1) 施工过程中应防止损坏已做好的保温层、找平层、防水层、保护层。防水层施工中及施工后不准穿硬底及带钉的鞋在屋面上行走。

（2）施工屋面运送材料的手推车支腿应用麻布包扎，不得在屋面上堆重物，防止将已做好的面层损坏。

（3）防水层施工时应采取措施防止污染墙面、檐口及门窗等。

（4）屋面施工中应及时清理杂物，不得有杂物堵塞水落口、天沟等。要保护排汽帽，不得堵塞和损坏。

（5）屋面各构造层应及时进行施工，特别是保护层应与防水层连续施工，以保证防水层不被破坏。

3.9 安全环保措施

（1）城市市区不得使用沥青油毡防水；郊外使用，施工前必须经当地环保部门批准。

（2）必须在施工前做好施工方案，做好文字及口头安全技术交底。

（3）油毡、沥青均系易燃品，存放及施工中严禁明火；熬制沥青时，必须备齐防火设施及工具。

（4）铺贴卷材时，人应站在上风方向；操作者必须戴好口罩、袖套、鞋盖、布手套等劳保用品。

3.10 质量记录

3.10.1 质量记录

本工艺标准应具备以下质量记录：
（1）沥青防水卷材和胶结材料产品合格证及复试报告。
（2）沥青胶结材料配合比及粘贴试验资料。
（3）隐蔽工程检验资料和质量检验评定资料。

（4）雨后或淋水、蓄水检验记录。

3.10.2 附加说明

（1）热沥青玛琋脂的使用温度是保证沥青防水卷材质量的关键，《屋面工程质量验收规范》中规定为190℃，但实际操作中，如果盛玛琋脂的桶采取加盖、保温等，使用温度达到200℃是有可能的，所以在工艺标准中将使用温度由规范中190℃，改为200℃。

（2）沥青防水卷材找平层的阴阳角处的圆弧半径，新老规范均规定为 $R=150mm$，但对不少工地调研，阳角如要做成 $R=150mm$，根本做不到，很多阳角都是做成 $R=20\sim30mm$。另外，沥青防水卷材的柔性试验，绕20的圆棒（$R=10mm$）无裂缝即可。所以，我们把阴阳角圆弧写成 $R=30\sim150mm$，并指明阳角可做成 $R=30mm$，这样比较切合实际。

（3）沥青卷材防水屋面空鼓，其内部的潮气排不出来是关键。在施工中排汽道被堵塞，有的留的过宽（30~40mm），又用陶粒填死，有的附加毡用100mm宽的窄条应付造成排汽道不通。故在此工艺标准中强调：排汽道、排汽帽必须畅通，排汽道上的附加毡必须单面点粘，宽度不小于250mm。

（4）水泥砂浆保护层产生裂缝，是难以避免的质量通病。在原《屋面工程技术规范》和现行的《屋面工程质量验收规范》中都强调了：水泥砂浆保护层的表面应抹压光，并设表面分格缝，分格面积宜为1m²。但我们发现有95%以上的工地，为了"省事"，都是按照20~30m²留缝，所以普遍产生裂缝；而认真按规范留了分格缝的，就基本不裂；特别是有的工地，有意识在砂子中掺20%~30%的小豆石，按规范留10×10的分格并按1m²留缝，且嵌填沥青砂浆，这样完全可保证不裂缝。所以我们在此工艺标准中，强调了分格面积为1m²。

（5）女儿墙内侧的砂浆保护层，由于有防水层的伸缩，故砂浆裂缝也成为"通病"。但若按1m的距离留分格缝，裂缝就可基本控制。故我们在此工艺标准强调：女儿墙内侧砂浆保护层分格间距不大于1m，缝宽、深为10mm，内填沥青嵌缝膏。

4 高聚物改性沥青防水卷材屋面防水层施工工艺标准

4.1 总 则

4.1.1 适用范围

本工艺标准适用于工业与民用建筑工程坡度小于25%的Ⅰ~Ⅲ级屋面采用高聚物改性沥青卷材热熔法施工防水层的施工。

4.1.2 编制参考标准及规范

(1)《弹性体改性沥青防水卷材》　　　GB 18242—2000
(2)《塑性体改性沥青卷材》　　　　　GB 18243—2000
(3)《屋面工程质量验收规范》　　　　GB 50207—2002
(4)《建筑工程质量验收统一标准》　　GB 50300—2001

4.2 术 语

(1) 分格缝：屋面刚性保护层上预先留设的缝。
(2) 满贴法：铺贴防水卷材时，卷材与基层采用全部粘结的施工方法。
(3) 热熔法：采用火焰加热器，熔化热熔型防水卷材底层的热熔胶进行粘结的施工方法。

4.3 基本规定

(1) 采用热熔法施工的改性沥青卷材,其厚度不得小于3mm,防止操作中熔透。

(2) 卷材表面热熔应立即滚铺,卷材下面的空气应排尽,并辊压粘结牢固,不得空鼓。

(3) 采用满贴法空铺、点粘、条粘法施工,搭接长度均为短边100mm,长边80mm,其误差不大于10mm。

4.4 施工准备

4.4.1 技术准备

(1) 施工前必须有施工方案,要有文字及口头技术交底。

(2) 必须由专业施工队伍来施工。作业队的资质合格,操作人员必须持证上岗。

4.4.2 材料要求

(1) 高聚物改性沥青防水卷材:是合成高分子聚合物改性沥青防水卷材;常用的有 SBS、ASTM(弹性体)、APP、APAO、APO(塑性体)等改性沥青油毡。其品种、规格、技术性能,必须满足设计和施工技术规范的要求,必须有出厂合格证和质量检验报告,并经现场抽查复试达到合格。

1) 高聚物改性沥青防水卷材规格,见表 4.4.2-1。

高聚物改性沥青防水卷材规格表　　表 4.4.2-1

厚度(mm)	宽度(mm)	长度(m) SBS	长度(m) APP	要 求
2.0	≥1000	15	15	热熔施工,卷材厚度不得小于3mm
3.0	≥1000	10	10	
4.0	≥1000	7.5	10、7.5	

2）高聚物改性沥青防水卷材的外观质量和技术性能应符合表4.4.2-2、表4.4.2-3的要求。

高聚物改性沥青防水卷材外观质量　　　表4.4.2-2

项　目	质量要求
孔洞、缺边、裂口	不允许
边缘不整齐	不超过10mm
胎体露白、未浸透	不允许
撒布材料粒度、颜色	均匀
每卷材料的接头	不超过1处，较短的一般不应小于2500mm，接头处应加长150mm

高聚物改性沥青防水卷材技术性能（SBS及APP沥青卷材）
表4.4.2-3

序号	项目		PY—聚酯胎		G—玻纤胎		聚乙烯胎体
			Ⅰ	Ⅱ	Ⅰ	Ⅱ	
1	可溶物含（g/m²）≥	2mm	—		1300		
		3mm	2100				
		4mm	2900				
2	不透水性	压力（MPa）≥	0.3	0.2	0.3		0.3
		保持时间（min）≥	30				
3	耐热度（℃）		90(110)	105(130)	90(110)	105(130)	90
			无流动、流淌、滴落				无流淌、起泡
4	拉力（N/50mm）≥	纵向	450	800	350	500	100
		横向			250	300	
5	最大拉力时延伸率（%）≥	纵向	最大拉力时，30(25)	最大拉力时，40	—		断裂时，200
		横向					
	低温柔度（℃）		−18(−5)	−25(−15)	−18(−5)	−25(−15)	−10
			3mm厚 $r=15$mm，4mm厚 $r=25$mm，3s弯180°，无裂纹				

续表

序号	项目		PY—聚酯胎		G—玻纤胎		聚乙烯胎体
			Ⅰ	Ⅱ	Ⅰ	Ⅱ	
7	撕裂强度(N)≥	纵向	250	350	250	350	
		横向			170	200	
8	人工气候加速老化	外观	Ⅰ级				
			无滑动、流淌、滴落				
		拉力保持率(%)≥ 纵向	80				
		低温柔度(℃)	−10(3)	−20(−10)	−10(3)	−20(−10)	
			无裂纹				

注：1. 表中 1～6 项为强制性项目；
2. APP 卷材当耐热度需要超过 130℃时，该指标可由供需双方商定，可单独生产；
3. 表中（）内数字只适用于 APP 沥青卷材。

（2）配套材料

1）氯丁橡胶沥青胶粘剂：由氯丁橡胶加入沥青及溶剂等配制而成，为黑色液体，用于基层处理（冷底子油）。

2）橡胶改性沥青嵌缝膏：即密封膏，用于细部嵌固边缝。

3）保护层料：石片、各色保护涂料（施工中宜直接采购带板岩片保护层的卷材）。

4）70 号汽油，用于清洗受污染的部位。

4.4.3 主要机具

（1）电动搅拌器、高压吹风机、自动热风焊接机。

（2）喷灯或可燃性气体焰炬、铁抹子、滚动刷、长把滚动刷、钢卷尺、剪刀、扫帚、小线等。

4.4.4 作业条件

作业面施工前应具备的基本条件：

(1) 防水层的基层表面应将尘土、杂物等清理干净；表层必须平整、坚实、干燥。干燥程度的简易检测方法：将 $1m^2$ 卷材平铺在找平层上，静置 3～4h 后掀开检查，找平层覆盖部位与卷材上未见水印，即可。

(2) 找平层与突出屋面的物体（如女儿墙、烟囱等）相连的阴角，应抹成光滑的小圆角；找平层与檐口、排水沟等相连的转角，应抹成光滑一致的圆弧形。

(3) 遇雨天、雪天及五级风及其以上必须停止施工。

4.5 材料和质量要点

4.5.1 材料的关键要求

(1) 材料（含配套材料）的品种、规格、性能必须符合设计及规范要求，以不透水性、拉力、延伸率、低温柔度、耐热度等指标控制。

(2) 卷材厚度不小于 3mm。

4.5.2 技术关键要求

(1) 基层坡度必须符合设计要求，阴阳角应做成 $R=30～50mm$ 的圆弧（阳角可为 $R=30mm$）。

(2) 基层表面干燥。

4.5.3 质量关键要求

(1) 卷材搭接及封边是关键，搭接长度必须按工艺标准要求；每层封边必须逐层检查验收无误后方可施工上一层。

(2) 掌握好火焰加热器与卷材加热面的距离，以及熔化的温度。

(3) 女儿墙、水落口、管根、阴阳角、排汽帽等细部处理和防水收头是关键，必须验收合格后方可施工保护层。

4.5.4 职业健康安全关键要求

(1) 改性沥青防水卷材是易燃品,在运输、贮存和施工中应注意防火,施工现场必须准备可靠的灭火工具。

(2) 改性沥青防水卷材及胶粘剂均有毒素,操作人员必须佩戴口罩、手套、工作服等劳保用品;吃饭、喝水、抽烟前必须洗手。

4.5.5 环境关键要求

热熔法施工,气温不低于－5℃,环境温度不宜低于－10℃。如无可靠保证措施,达不到上述要求,禁止施工。

4.6 施 工 工 艺

4.6.1 工艺流程

基层清理 → 涂刷基层处理剂 → 铺贴卷材附加层 → 铺贴卷材 → 热熔封边 → 蓄水试验 → 做保护层

4.6.2 操作工艺

(1) 清理基层:施工前将验收合格的基层表面尘土、杂物清理干净。

(2) 涂刷基层处理剂:高聚物改性沥青防水卷材施工,按产品说明书配套使用,基层处理剂是将氯丁橡胶沥青胶粘剂加入工业汽油稀释,搅拌均匀,用长把滚刷均匀涂刷于基层表面上,常温经过4h后(以不粘脚为准),开始铺贴卷材。注意涂刷基层处理剂要均匀一致,切勿反复涂刷。

(3) 附加层施工:待基层处理剂干燥后,先对女儿墙、水落口、管根、檐口、阴阳角等细部先做附加层,在其中心200mm

范围内，均匀涂刷 1mm 厚的胶粘剂，干后再粘结一层聚酯纤维无纺布，在其上再涂刷 1mm 厚的胶粘剂，干燥后形成一层无接缝和弹塑性的整体附加层。排汽道、排汽帽必须畅通，排汽道上的附加卷材每边宽度不小于 250mm，必须单面点粘。排汽道、排汽帽的做法，参见第 3 章第 3.6.2 施工。阴阳角圆弧半径 $R=30\sim50$mm（阳角可为 $R=30$mm）。铺贴在立墙上的卷材高度不小于 250mm。

(4) 铺贴卷材：一般采用热熔法进行铺贴。卷材的层数、厚度应符合设计要求。铺贴方向应考虑屋面坡度及屋面是否受振动和历年主导风向等情况（必须从下风方向开始），坡度小于 3% 时，宜平行于屋脊铺贴，坡度在 3%～15% 时；平行或垂直于屋脊铺贴；当坡度大于 15% 或屋面受振动，卷材应垂直于屋脊铺贴。多层铺设时上下层接缝应错开不小于 250mm。将改性沥青防水卷材剪成相应尺寸，用原卷心卷好备用；铺贴时随放卷随用火焰加热器加热基层和卷材的交界处，火焰加热器距加热面 300mm 左右，经往返均匀加热，至卷材表面发光亮黑色，即卷材的材面熔化时，将卷材向前滚铺、粘贴，搭接部位应满粘牢固，搭接宽度满粘法长边为 80mm，短边为 100mm。铺第二层卷材时，上下层卷材不得互相垂直铺贴。

(5) 热熔封边：将卷材搭接处用火焰加热器加热，趁热使两者粘结牢固，以边缘溢出沥青为度，末端收头可用密封膏嵌填严密。如为多层，每层封边必须封牢，不得只是面层封牢。

(6) 防水保护层施工：上人屋面按设计要求做各种刚性防水层屋面保护层（细石混凝土、水泥砂浆、贴地砖等）。保护层施工前，必须做油纸或玻纤布隔离层；刚性保护层的分格缝留置应符合设计要求，设计无要求者，水泥砂浆保护层的分格面积为 1m^2，缝宽、深均为 10mm，并嵌填沥青砂浆；块材保护层分格面积不宜大于 100m^2，缝宽不宜小于 20mm，细石混凝土保护层分格面积不大于 36m^2；刚性保护层与女儿墙、山墙间应预留 30mm 宽的缝，并用密封材料嵌填严密。女儿墙内侧砂浆保护层分格间距不大于 1m，缝宽、深为 10mm，内填沥青嵌缝膏。保护层的分格缝必须与找平层及保温层的分格缝上下对齐。

不上人屋面做保护层有以下两种形式：

1) 防水层表面涂刷氯丁橡胶沥青胶粘剂，随即撒石片，要求铺撒均匀，粘结牢固，形成石片保护层。

2) 防水层表面涂刷银色反光涂料（银粉）二遍。如设计有要求，按设计施工。

(7) 铺贴高聚物改性沥青防水卷材的细部构造，参见第 3 章 3.6。

4.7 质量标准

4.7.1 主控项目

(1) 高聚物改性沥青防水卷材及胶粘剂的品种、牌号及胶粘剂的配合比，必须符合设计要求和有关标准的规定。

检验方法：检查防水材料及辅料的出厂合格证和质量检验报告及现场抽样复验报告。

(2) 卷材防水层及其变形缝、天沟、沟檐、檐口、泛水、水落口、预埋件等处的细部做法，必须符合设计要求和屋面工程技术规范的规定。

检验方法：观察检查和检查隐蔽工程验收记录。

(3) 卷材防水层严禁有渗漏或积水现象。

检验方法：检查雨后或淋水、蓄水检验记录。

4.7.2 一般项目

(1) 铺贴卷材防水层的搭接缝应粘（焊）牢、密封严密，不得有皱折、翘边和鼓泡等缺陷；防水层的收头应与基层粘结并固定，缝口封严，不得翘边。阴阳角处应呈圆弧或钝角。

(2) 聚氨酯底胶涂刷均匀，不得有漏刷和麻点等缺陷。

(3)卷材防水层铺贴、搭接、收头应符合设计要求和屋面工程技术规范的规定,且粘结牢固,无空鼓、滑移、翘边、起泡、皱折、损伤等缺陷。

(4)卷材防水层上撒布材料和浅色涂料保护层应铺撒和涂刷均匀、粘结牢固、颜色均匀;如为上人屋面,保护层施工应符合设计要求。

(5)水泥砂浆、块材或细石混凝土与卷材防水层间应设置隔离层;刚性保护层的分格缝留置应符合设计要求。

(6)卷材的铺贴方向应正确,卷材搭接宽度的允许偏差项目,见表4.7.2,观察和尺量检查。

高聚合物改性沥青卷材防水屋面搭接宽度允许偏差表 4.7.2

项次	项目	允许偏差	检查方法
1	卷材搭接宽度偏差	−10mm	尺量检查

4.8 成品保护

(1)已铺贴好的卷材防水层,应采取措施进行保护,严禁在防水层上进行施工作业和运输,并应及时做防水层的保护层。

(2)穿过屋面、墙面防水层处的管位,防水层施工完工后不得再变更和损坏。

(3)屋面变形缝、水落口等处,施工中应进行临时塞堵和挡盖,以防落杂物,屋面及时清理,施工完成后将临时堵塞、挡盖物及时清除,保证管内畅通。

(4)屋面施工时不得污染墙面、檐口侧面及其他已施工完的成品。

4.9 安全环保措施

(1)施工前必须做好施工方案,做好文字及口头安全技术交底。

（2）改性沥青卷材及辅助材料均系易燃品，存放及施工中注意防火，必须备齐防火设施及工具。

（3）改性沥青卷材及辅助材料均有毒素，操作者必须戴好口罩、袖套、手套等劳保用品。

4.10 质量记录

4.10.1 质量记录

本工艺标准应具备以下质量记录：

（1）高聚物改性沥青卷材（SBS及APP）及胶结材料应有产品合格证、出厂质量检验报告，材料进场应进行复试并有合格资料。

（2）配套材料配制资料及粘结试验。

（3）隐检资料和质量检验评定资料。

（4）雨后或淋水、蓄水检验记录。

4.10.2 附加说明

（1）改性沥青防水卷材，接头粘结牢固是关键，接头长度是必要的保证。在《屋面工程质量验收规范》中规定满贴法短边及长边搭接均为80mm，根据严要求并可以实现的原则，将满贴法写成搭接长度为短边100mm，长边为80mm，这样，有利于保证质量。

（2）高聚物改性沥青卷材找平层的阴阳角圆弧半径，新老规范均为$R=50mm$，但实际调查，有的根本做不到，特别是阳角，有的要做到$R=50mm$，要把结构钢筋都要破坏；另一方面，从改性沥青卷材的低温柔度试验来看，其弯板或弯棒$r=15mm$或25mm，而且改性沥青卷材是热熔操作，半径为20～30mm是可操作的。为此，在本工艺标准，把原规定$R=50mm$改成$R=30$

~50mm，并指出阳角可为 $R=30$mm，这有利于施工操作。

（3）高聚物沥青卷材防水屋面空鼓，其内部潮汽排不出来是关键。在施工中排汽道被堵塞，有的留的过宽（30～40mm），又被陶粒填死，有的附加毡用 100mm 宽的窄条应付，造成排汽道不通。故在此工艺标准中强调：排汽道、排汽帽必须畅通，排汽道上的附加毡必须单面点粘，宽度不小于 250mm。

（4）卷材上的水泥砂浆保护层产生裂缝，大家都认为是难以避免的"通病"，调查了95％的施工单位，均未按规范施工，而是把砂浆分格做成了 20～30m² 留缝，而有个别单位认真按 1m² 留缝，在缝中嵌填沥青砂浆，砂子中掺 20％～30％ 的小豆石，这样完全可保证不裂缝。所以，在此工艺标准中，强调分格缝面积必须为 1m²，分格缝为 10mm×10mm，内填沥青砂浆。

（5）女儿墙内侧的砂浆保护层，由于有防水层的伸缩，故砂浆保护层裂缝又成"通病"。有的工地把砂浆保护层按 1m 的间距分格，裂缝就可基本控制。故在本工艺标准强调：女儿墙内侧砂浆保护层分格间距不大于 1m，缝宽、深均为 10mm，内填沥青嵌缝膏。

5 合成高分子防水卷材屋面防水层施工工艺标准

5.1 总则

5.1.1 适用范围

本工艺标准适用于重要的民用建筑、工业建筑以及高层建筑Ⅰ~Ⅲ级屋面防水层施工。

5.1.2 编制参考标准及规范

(1)《建筑工程施工质量验收统一标准》 GB 50300—2001
(2)《屋面工程质量验收规范》 GB 50207—2002

5.2 术语

(1)满粘法：铺贴防水卷材时，卷材与基层采用全部粘结的施工方法。

(2)空铺法：铺贴防水卷材时，卷材与基层在周边一定宽度内粘结，其余部分不粘结的施工方法。

(3)点粘法：铺贴防水卷材时，卷材或打孔卷材与基层采用点状粘结的施工方法。

(4)条粘法：铺贴防水卷材时，卷材与基层采用条状粘结的施工方法。

(5)冷粘法：在常温下采用胶粘剂等材料进行卷材与基层、

卷材与卷材间粘结的施工方法。

(6)自粘法：采用带有自粘胶的防水卷材进行粘结的施工方法。

(7)热风焊接法：采用热空气焊枪进行防水卷材搭接粘合的施工方法。

5.3 基本规定

(1)所选用的基层处理剂、接缝胶粘剂、密封材料等配套材料应与铺贴的卷材材性相容。

(2)在坡度大于25%的屋面上施工时应采取固定措施，固定点应密封严密。

(3)基层必须干净、干燥。

(4)卷材铺贴方向应符合下列规定：屋面坡度小于3%时，卷材宜平行屋脊铺贴；屋面坡度在3%~15%时，卷材可平行或垂直屋脊铺贴；屋面坡度大于15%或屋面受震动时，卷材可垂直屋脊铺贴。

(5)铺贴卷材采用搭接法时，上下层及相邻两幅卷材的搭接缝应错开，各种合成高分子防水卷材搭接宽度应符合表5.3的规定。

合成高分子防水卷材搭接宽度　　表5.3

铺贴方法 卷材种类	短边搭接宽度（mm）		长边搭接宽度（mm）	
	满粘法	空铺法、点粘法、条粘法	满粘法	空铺法、点粘法、条粘法
胶粘剂	80	100	80	100
胶粘带	50	60	50	60
单缝焊	60，有效焊接宽度不小于25mm			
双缝焊	80，有效焊接宽度10×2+空腔宽			

(6)冷粘法铺贴卷材应符合下列规定

1)胶粘剂涂刷应均匀、不露底、不堆积。

2）根据胶粘剂的性能，应控制胶粘剂涂刷与卷材铺贴的间隔时间。

3）铺贴的卷材下面的空气应排尽，并辊压粘结牢固。

4）铺贴卷材应平整顺直，搭接尺寸准确，不得扭曲、皱折。

5）接缝口应用密封材料封严，宽度不应小于10mm。

(7) 自粘法铺贴卷材应符合下列规定

1）铺贴卷材前基层表面应均匀涂刷基层处理剂，干燥后应及时铺贴卷材。

2）铺贴卷材时，应将自粘胶底面的隔离纸全部撕净。

3）卷材下面的空气应排尽，并辊压粘结牢固。

4）铺贴的卷材应平整顺直，搭接尺寸准确，不得扭曲、皱折。立面、大坡面及搭接部位宜采用热风加热，随即粘贴牢固。

5）接缝口应用密封材料封严，宽度不应小于10mm。

(8) 热风焊接法铺贴卷材应符合下列规定

1）焊接前卷材的铺设应平整顺直，搭接尺寸准确，不得扭曲、皱折。

2）卷材的焊接面应清扫干净，无水滴、油污及附着物。

3）焊接时应先焊长边搭接缝，后焊短边搭接缝。

4）控制热风加热温度和时间，焊接处不得有漏焊、跳焊、焊焦或焊接不牢现象。

5）焊接时不得损害非焊接部位的卷材。

(9) 天沟、檐沟、檐口、泛水和立面卷材收头的端部应裁齐，塞入预留凹槽内，用金属压条钉压固定，最大钉距不应大于900mm，并用密封材料嵌填封严。

(10) 卷材的贮运、保管应符合下列规定

1）不同品种、标号、规格和等级的产品应分别堆放。

2）应贮存在阴凉通风的室内，避免雨淋、日晒和受潮，严禁接近火源。

3）卷材宜直立堆放，其高度不宜超过两层，并不得顺斜和横压，短途运输平放不宜超过四层。

4）应避免与化学介质及有机溶剂等有害物质接触。

(11) 胶粘剂的贮运、保管应符合下列规定

1）不同品种、规格的胶粘剂应分别用密封桶包装。

2）胶粘剂应贮存在阴凉通风的室内，严禁接近火源和热源。

(12) 卷材进场应复验，不合格的材料严禁使用。

5.4 施工准备

5.4.1 技术准备

(1) 施工前应进行图纸会审，并应编制屋面工程施工方案或技术措施。

(2) 屋面工程施工时，应建立各道工序的自检、交接检和专职人员检查的"三检"制度，并有完整的检验记录。每道工序完成，应经监理单位（或建设单位）检查验收，合格后方可进行下道工序的施工。

(3) 屋面工程的防水层必须由经资质审查合格的专业防水队伍进行施工。作业人员应持有当地建设行政主管部门颁发的上岗证。

(4) 屋面工程所采用的防水、保温隔热材料应有产品合格证书和性能检验报告，材料的品种、规格、性能等应符合现行国家产品标准和设计要求。材料进场后，应进行复检，不合格的材料，不得在屋面工程中使用。

(5) 当下道工序或相邻工程施工时，对屋面已完成的部分应采取保护措施。

(6) 伸出屋面的管道、设备或预埋件等，应在防水层施工前安设完毕。屋面防水层施工后，不得在其上凿孔、打洞或重物冲击。

5.4.2 材料要求

(1) 品种规格：合成高分子防水卷材的品种规格应符合表5.4.2-1的要求。

合成高分子防水卷材规格　　　　表5.4.2-1

厚　度　(mm)	宽　度　(mm)	长　度　(m)
1.0	≥1000	20
1.2	≥1000	20
1.5	≥1000	20
2.0	≥1000	10

(2) 质量要求：合成高分子防水卷材的外观质量和物理性能应符合表5.4.2-2和表5.4.2-3的要求。

合成高分子防水卷材的外观质量　　　　表5.4.2-2

项　目	判　断　标　准
折　痕	每卷不超过2处，总长度不超过20mm
杂　质	大于0.5mm颗粒不允许，每1m^2不超过9mm^2
胶　块	每卷不超过6处，每处面积不大于4mm^2
凹　痕	每卷不超过6处，深度不超过本身厚度的30%；树脂类深度不超过15%
每卷卷材的接头	橡胶类每20m不超过1处，较短的一段不应小于3000mm，接头处应加长150mm；树脂类20m长度内不允许有接头

合成高分子防水卷材的物理性能　　　　表5.4.2-3

项　目	性　能　要　求			
	硫化橡胶类	非硫化橡胶类	树脂类	纤维增强类
断裂拉伸强度（MPa）	≥6	≥3	≥10	≥9
扯断伸长率（%）	≥400	≥200	≥200	≥10
低温弯折（℃）	−30	−20	−20	−20

续表

项　目		性 能 要 求			
		硫化橡胶类	非硫化橡胶类	树脂类	纤维增强类
不透水性	压力（MPa）	≥0.3	≥0.2	≥0.3	≥0.3
	保持时间（min）	≥30			
加热收缩率（%）		<1.2	<2.0	<2.0	<1.0
热老化保持率 80℃，168h	断裂拉伸强度（MPa）	≥80			
	扯断伸长率（%）	≥70			

（3）合成高分子防水卷材施工配套材料选择要求

1）基层处理剂：一般以聚氨酯—煤焦油系的二甲苯溶液或氯丁橡胶乳液组成，用于处理基层表面，要求施工性能好，耐候性、耐霉菌性好，其粘结后的剪切强度不小于 $0.2N/mm^2$。

2）基层胶粘剂：用于防水卷材与基层之间的粘合，应具有施工性能好，有良好的耐候性、耐日光、耐水性等。其粘结剥离强度应大于15N/10mm。浸水168h后粘结剥离强度不应低于70%。

3）卷材接缝胶粘剂：用于卷材与卷材接缝的胶粘剂，应有良好的耐腐蚀性、耐老化性、耐候性、耐水性等。其粘结剥离强度应大于15N/10mm。浸水168h后粘结剥离强度不应低于70%。

4）卷材密封剂：用于卷材收头的密封材料。一般选用双组分聚氨酯密封膏、双组分聚硫橡胶密封膏等。

5）溶剂：用于将胶粘剂稀释成基层处理剂，一般常用二甲苯。

5.4.3 主要机具

合成高分子防水卷材施工主要机具，详见表5.4.3。

合成高分子防水卷材施工主要机具　　　表5.4.3

工具名称	规格	用途	工具名称	规格	用途
高压吹风机	300W	清理基层	喷灯	普通	加热卷材
扫帚	普通	清理基层	橡皮刮板	普通	铺贴卷材
小平铲	小型	清理基层	钢管	150×30	铺贴卷材

续表

工具名称	规格	用途	工具名称	规格	用途
电动搅拌器	300W	搅拌胶粘剂	嵌缝挤压枪	普通	密封
滚刷	$\phi 60 \times 300$	涂布胶粘剂	皮卷尺	50m	量尺寸
油漆刷	20	涂布胶粘剂	剪刀	普通	剪裁卷材
铁桶	普通	装胶粘剂	钢卷尺	2m	量尺寸
小油漆桶	普通	装胶粘剂	弹线放样工具	普通	弹基准线
手持压辊	$\phi 40 \times 50$	压实卷材	粉笔	普通	做标记
压辊	30kg	压实接缝	安全带	普通	安全防护
阴角压辊	普通	压实卷材	安全帽	普通	安全防护
热风焊枪	普通	加热卷材	工具箱	普通	保存工具

5.4.4 作业条件

(1) 雨天、雾天严禁施工。

(2) 冷粘法不低于5℃；热风焊接法不低于-10℃。

(3) 五级风（含五级）以上不得施工。

(4) 施工途中下雨、下雾应做好已铺卷材周边的防护工作。

(5) 基层必须干净、干燥。干燥程度的简易检验方法。是将1m^2卷材平坦地干铺在找平层上，静置3～4h后掀开检查，卷材覆盖部位与卷材上未见水印即可铺设。

5.5 材料和质量要点

5.5.1 材料的关键要求

合成高分子防水卷材及其配套材料必须符合设计要求。以拉伸强度、断裂伸长率、柔性和热老化保持率作为主要控制指标；所选用的基层处理剂、接缝胶粘剂、密封材料等配套材料应与铺贴的卷材材性相容，使之粘结良好，密封严密，不发生腐蚀等侵害；合成高分子胶粘剂浸水保持率是一项重要性能指标，为保证屋面整体防水性能，规定浸水168h后胶粘剂剥离强度保持率不应低于70%。

5.5.2 技术关键要求

(1) 为确保防水工程质量，使卷材在防水层合理使用年限内不发生渗漏，除卷材的材性、材质因素外，其厚度应是最主要的因素，同时还应考虑到人们的踩踏、机具的压扎、穿刺和自然老化等均要求卷材有足够的厚度。

(2) 为确保卷材防水屋面的质量，所有卷材均应采用搭接法。卷材搭接缝质量是防水质量的关键；而搭接宽度和粘结密封性能是搭接缝粘结质量的关键。

(3) 立面卷材收头的端部应裁齐，由于合成高分子卷材较薄，粘贴压紧较容易直接钉压于立面上，收头用密封材料封固，也可留置凹槽，将卷材压入凹槽内密封处理。

(4) 由于合成高分子防水卷材较薄，铺贴时易出现皱折，影响与基层的粘结，且易在皱折处破坏而造成渗漏，所以要求铺贴时把卷材展平使之与基层服贴，不得用力拉伸卷材，卷材下的空气要排净，以便辊压粘牢。

5.5.3 职业健康安全关键要求

(1) 施工人员必须经过培训后方可上岗操作，并应全面掌握施工安全技术和质量标准，强化安全与质量意识。

(2) 施工人员应身着工作服，戴好防护用具，方可进行施工操作。

(3) 施工现场及作业面要备有灭火器材和其他相应的防火措施。

(4) 施工现场及作业面的周围不准存放易燃、易爆物品。

(5) 遇五级（含五级）以上大风和粉尘较大时严禁施工。

(6) 高空作业和粘结檐头时，要有安全防护措施，并设安全监督员。

（7）无女儿墙屋面防水施工时，屋面防水作业四周，应设高1.2m的防护栏杆或挂安全网。

（8）其他如高空作业、垂直运输、卫生防护、杜绝高空坠落等均应按国家和地方有关规定执行。

5.5.4 环境关键要求

（1）雨天、雾天严禁施工。

（2）气温低于5℃时不宜施工（热熔法施工气温不得低于－10℃）。

（3）五级风（含五级）以上不得施工。

（4）施工途中下雨、下雾应做好已铺卷材周边的防护工作。

5.6 施工工艺

5.6.1 工艺流程

清理基层 → 涂布基层处理剂 → 铺设增强层 → 卷材表面涂布胶粘剂（晾胶）→ 基层表面涂布胶粘剂（晾胶）→ 铺设卷材 → 排气、压实 → 卷材接头粘结（晾胶）→ 压实 → 卷材末端收头及封边处理 → 淋（蓄）水试验 → 做施工保护层

5.6.2 操作工艺

（1）清理基层：施工前将验收合格的基层清扫干净。

（2）涂刷基层处理剂

1）基层处理剂应根据不同材性的防水卷材，选配相匹配的基层处理剂，施工时应查清产品说明书中的内容，参考表5.6.2-1选用。

卷材与基层处理剂配套使用参考表　　表 5.6.2-1

主体防水材料名称	基层处理剂名称
三元乙丙—丁基橡胶卷材	聚氨酯底胶甲：乙：二甲苯＝1：1.5：1.5～3
氯化聚乙烯—橡胶共混卷材	氯丁胶乳，BX—12 胶粘剂
氯磺化聚乙烯	氯丁胶沥青胶乳

2）基层处理剂可用喷或涂等方法均匀涂布在基层表面。施工时，将配制好的基层处理剂搅拌均匀，在大面积涂刷施工前，先用油漆刷蘸胶在阴阳角、水落口、管道及烟囱根部等复杂部位均匀地涂刷一遍，然后用长拖滚刷进行大面积涂刷施工。厚度应均匀一致，切勿反复来回涂刷，也不得漏刷露底。涂刷基层处理剂后，常温下干燥 4h 以上，手感不粘时，即可进行下道工序的施工。基层处理剂施工后宜在当天施工防水层。

(3) 特殊部位的增强处理：屋面容易产生漏水的薄弱处，如山墙水落口、天沟、突出屋面的阴阳角、穿越屋面的管道根部等，除采用涂膜防水材料做增强处理外，还应按下列规定处理。

1）卷材末端的收头及封边处理：为了防止卷材末端剥落或渗水，末端收头必须用与其配套的嵌缝膏封闭。当密封材料固化后在末端收头处再涂刷一层聚氨酯防水涂料，然后用 108 胶水泥砂浆（水泥：砂：108 胶＝1：3：0.15）压缝封闭。

2）檐口卷材收头处理：可直接将卷材贴到距檐口边 20～300mm 处，采用密封膏封边，也可在找平层施工时预留 30mm 半圆形洼坑，将卷材收头压入后用密封膏封固，再抹掺 108 胶的水泥砂浆。

3）天沟卷材铺贴：卷材应顺天沟整幅铺贴，尽量减少接头，接头应顺流水方向搭接，并用密封膏封严；当整幅卷材不足天沟宽时，应尽量在天沟外侧搭接，外侧沟底坡向檐口水落口处搭接缝和檐沟外侧卷材的末端均应用密封膏封固，内侧应贴进檐口不少于 50mm，并压在屋面卷材下面。

4）水落口卷材铺贴：水落口杯应用细石混凝土或掺 108 胶

的水泥砂浆嵌固，与基层接触处应留出宽 20mm 深 20mm 的凹槽，嵌填密封材料，并做成以水落口为中心比天沟低 30mm 的洼坑。在周围直径 500mm 范围内应先涂基层处理剂，再涂 2mm 厚的密封膏，并宜加衬一层胎体增强材料，然后做一层卷材附加层，深入水斗不少于 100mm，上部剪开将四周贴好，再铺天沟卷材层，并剪开深入水落口，用密封膏封严。

5）阴阳角卷材铺贴：阴阳角的基层应做成圆弧形，其圆弧半径约 20mm，涂底胶后再用密封膏涂封，其范围距转角每边宽 200mm，再增铺一层卷材附加层，接缝处用密封膏封固。

6）高低跨墙、女儿墙、天窗下泛水及收头处理：屋面与立墙交接处应做成圆弧形或钝角，涂刷基层处理剂后，再涂 100mm 宽的密封膏一层，铺贴大面积卷材前顺交角方向铺贴一层 200mm 宽的卷材附加层，搭接长度不少于 100mm。

高低跨墙及女儿墙、天窗下泛水卷材收头应做滴水线及凹槽，卷材收头嵌入后，用密封膏封固，上面抹掺 108 胶水泥砂浆。当遇到卷材垂直于山墙泛水铺贴时，山墙泛水部位应另用一平行于山墙方向的卷材压贴，与屋面卷材向下搭接不少于 100mm；当女儿墙较低时，应铺过女儿墙顶部，用压顶压封。

7）排汽管、洞卷材收头处理：排汽洞根部卷材铺贴和立墙交接处相同，转角处应按阴阳角做法处理。排汽管根部，应先用细石混凝土填嵌密实，并做出圆弧或 45°左右的坡面，上口留 20mm 宽、20mm 深的凹槽，待大面积卷材铺贴完，再加铺两层附加层，然后在端部用麻丝或细钢丝绑缠后再用密封膏密封，必要时再加做细石混凝土保护层。

8）当屋面为装配式结构时，板的端缝处必须加做缓冲层，第一种是在板的端缝处空铺一条 150mm 左右的卷材条；第二种做法是单边点贴 200mm 左右的普通石油沥清卷材条，然后再铺贴大面积卷材。

(4) 冷粘法铺贴合成高分子防水卷材的操作要点

1）根据卷材铺贴方案，在基层表面排好尺寸，弹出卷材铺贴标准线。

2）涂刷胶粘剂：由于各种卷材的材性不同，采用的胶粘剂也不同，胶粘剂包括将卷材粘贴于基层的胶粘剂和卷材之间的粘结胶粘剂，并有单组分和双组分之分，单组分胶粘剂只要开桶搅拌均匀即可使用；双组分需在现场使用前将甲、乙两组分材料按比例掺和搅拌均匀后使用。主要卷材配套使用的胶粘剂可参考表 5.6.2-2。

卷材与胶粘剂配套使用参考表　　表 5.6.2-2

卷 材 名 称	卷材与基层粘结剂	卷材与卷材胶粘剂
三元乙丙—丁基橡胶卷材	CX—404 胶粘剂	丁基接缝胶粘剂 A、B 组份
氯化聚乙烯—橡胶共混卷材	BX—12 胶粘剂	BX—12 乙组份接缝胶粘剂
氯磺化聚乙烯	CX—404 胶粘剂、氯丁胶沥青胶液	XY—409 胶、CX—403 胶
LYX—603 卷材	LXY—603-3 胶粘剂 甲、乙组份	LXY—603-2 胶粘剂
PVC 卷材	CX—404 胶粘剂	氯丁胶乳

注：或由卷材生产厂家配套供应使用。

3）基层胶粘剂的涂刷：为了使卷材粘结可靠，一般在基层上和卷材背面均涂刷胶粘剂。当基层处理剂基本干燥，表面洁净时，将调制搅拌均匀的胶粘剂用长拖滚刷均匀涂刷在基层表面上，复杂部位用油漆刷涂刷，涂刷均匀一致，不得在一处反复涂刷，经过 10～20min 后，指触基本不粘，即可铺设卷材。

4）将卷材反面展开摊铺在平整的基层上，用清洁剂除去表面污物，晾干后用长拖滚刷蘸胶粘剂，均匀涂刷在卷材表面上，不得漏涂，但沿搭接缝 80～100mm 处不得涂胶。使用溶剂型胶粘剂时，涂胶后静置 20min 左右，待胶粘剂胶膜基本干燥（手感不粘），即可进行铺贴。使用乳液型胶粘剂时，可仅在基层表面均匀涂刮胶粘剂随即铺贴卷材。

5）平面铺贴卷材：将涂胶干燥后的卷材用筒芯重新卷好，

穿入一根直径 30mm、长 1500mm 的钢管，由两人抬起，依线将卷材一端粘贴固定，然后沿弹好的标准线向另一端铺展，铺展时卷材不应拉得过紧，在松弛状态下铺贴，每隔 1000mm 左右对准标准线粘贴一下，不得皱折。每铺完一幅卷材后，应立即用长把压辊从卷材一端开始，顺卷材横向依次滚压一遍，排除卷材粘结层间的空气，然后用外包橡皮的大压辊（30kg）滚压，使其粘贴牢固。

6）立面铺贴卷材：铺贴泛水时，应先留出泛水高度的卷材，先贴平面，再统一由下往上铺贴立面，铺贴时切忌拉紧，随转角压紧实往上粘贴。最后用手持压辊从上往下滚压，不得有空鼓和粘结不牢等现象。

7）卷材接缝粘接：卷材搭接方式有：搭接法、对接法、增强搭接法和增强对接法四种形式。

卷材搭接缝粘贴：首先将搭接缝上层卷材表面每隔 500~1000mm 处点涂氯丁胶，基本干燥后（手感不粘），将搭接缝卷材翻开临时反向粘贴固定在面层上，然后将配制搅拌均匀的接缝胶粘剂，用油漆刷均匀地涂刷在翻开的卷材接缝的两个粘接面上，涂刷均匀一致，不得露底，也不得堆积成粘胶团。涂胶量一般以 $0.5\sim0.8kg/m^2$ 为宜，干燥 20~30min 后（手感基本不粘），即可进行粘合。粘合从一端开始，用手边压合边驱除空气，不得有空鼓和皱折现象，然后用手持压辊依次认真滚压一遍。在纵横搭接缝相交处，有三层卷材重叠，必须用手持压辊滚压，所有接缝口均应用密封膏封口，宽度不小于 10mm。

8）卷材收头处理：为使卷材粘结牢固，防止翘边及渗漏应用密封膏封严后，再涂刷一遍涂膜防水层。

（5）涂膜与合成高分子防水卷材复合防水中的涂膜防水施工应参照第 6 章涂膜防水屋面施工工艺标准进行。

（6）热熔焊接法铺贴合成高分子防水卷材的操作要点

1）当找平层涂刷基层处理剂干燥后，首先粘贴加强层。

2）铺贴大面积卷材时，先打开卷材的一端对准弹好的标准线，然后将卷材头倒退卷回1m左右，一人扶卷材，另一人手持火焰喷枪（宜采用两把或多把喷枪同时分段加热），点燃后调好火焰，使火焰成蓝色，将喷枪对准卷材与基层交界面，使喷枪与卷材保持最佳距离，从卷材一侧向另一侧缓缓移动，使基层与卷材同时加热，当卷材底面的热熔胶熔化并发黑色光泽时，负责卷材铺贴的人员就可以缓缓滚压粘贴，摊滚操作应紧密配合加热熔化速度进行。

3）待端部粘贴好后，摊滚操作人员站向卷材对面，火炬喷枪移向反面，继续进行粘贴。摊滚粘贴时，操作人员必须注意卷材沿所弹标准线铺贴，滚铺时应排除卷材下面的空气，卷材边缘应有热熔胶溢出，并趁热用刮板将熔胶刮至接缝处封严。

4）摊铺滚贴1～2m后，另外一人用压辊趁热滚压严实，使之平展，不得有皱折。

5）熔化热熔胶时，应特别注意卷材边缘的热熔胶要充分热熔，确保搭接质量。铺贴复杂部位及表面不平整处，应扩大烘热卷材面，使整片卷材处于柔软状态，便于与基层粘贴平服、严实。

6）用条粘法时，每幅卷材的每边粘贴宽度不应小于150mm。

7）施工时应严格控制摊滚速度和火焰烘烤距离，摊滚过快、烘烤距离太远、热溶胶未达到熔化温度，会造成卷材与基层粘结不牢；摊滚过慢、烘烤距离太近，火焰容易将热熔胶烧流、烧焦或烧穿卷材，施工人员必须熟练地掌握这一操作关键。

(7) 自粘法铺贴合成高分子防水卷材的操作要点

1）基层处理剂干燥后，即可铺贴加强层，铺贴时应将自粘胶底面的隔离纸完全撕净，宜采用热风焊枪加热，加热后随即粘贴牢固，溢出的自粘胶随即刮平封口。

2）铺贴大面积卷材时，应先仔细剥开卷材一端背面隔离纸约500mm，将卷材头对准标准线轻轻摆铺，位置准确后再压实。

3）端头粘牢后即可将卷材反向放在已铺好的卷材上，从纸芯中穿进一根500mm长钢管，由两人各持一端徐徐往前沿标准线摊铺，摊铺时切忌拉紧，但也不能有皱折和扭曲。

4）在摊铺卷材过程中，另一人手拉隔离纸缓缓掀剥，必须将自粘胶底面的隔离纸完全撕净。

5）铺完一层卷材，即用长把压辊从卷材中间向两边顺次来回滚压，彻底排除卷材下面空气，为粘结牢固，应用大压辊再一次压实。

6）搭接缝处，为提高可靠性，可采用热风焊枪加热，加热后随即粘贴牢固，溢出的自粘胶随即刮平封口，最后将接缝口用密封材料封严，宽度不小于10mm。

7）铺贴立面、大坡面卷材时，应用热风焊枪加热后粘贴牢固。

（8）保护层施工

1）防水层铺贴完毕，清扫干净，经淋（蓄）水检验，检查验收合格后，方可进行保护层的施工。

2）云母或蛭石保护层不得有粉料，撒铺应均匀，不得露底，多余的云母或蛭石应清除。

3）水泥砂浆保护层的表面应抹平压光，并设表面分格缝，分格面积宜为$1m^2$。

4）块体材料保护层应留设分格缝，分格面积不宜大于$100m^2$，分格缝宽度不宜小于20mm。

5）细石混凝土保护层，混凝土应密实，表面抹平压光，并留设分格缝，分格面积不大于$36m^2$。

6）浅色涂料保护层应与卷材粘结牢固，厚薄均匀，不得漏涂。

7）水泥砂浆、块材或细石混凝土保护层与防水层之间应设置隔离层。

8）刚性保护层与女儿墙、山墙之间应预留宽度为30mm的缝隙，并用密封材料嵌填严密。

9）高低跨的屋面，如为无组织排水时，低屋面受水冲滴的部位应加铺一层整幅的卷材，再设300~500mm宽的板材加强保护；如为有组织排水时，水落管下应加设钢筋混凝土水簸箕。

5.7 质量标准

5.7.1 主控项目

（1）所用卷材及其配套材料，必须符合设计要求。
检验方法：检查所有材料应有出厂合格证、质量检验报告和现场抽样复验报告。
（2）卷材防水层不得有渗漏或积水现象。
检验方法：应通过淋（蓄）水检验。
（3）卷材防水层在天沟、檐沟、檐口、水落口、泛水、变形缝和伸出屋面管道的防水构造，必须符合设计要求。

5.7.2 一般项目

（1）卷材防水层的搭接缝应粘（焊）结牢固，密封严密，不得有皱折、翘边和鼓泡等缺陷；防水层的收头应与基层粘结并固定牢固，封口严密，不得翘边。
（2）卷材防水层上的撒布材料和浅色涂料保护层应铺撒或涂刷均匀，粘结牢固；水泥砂浆、块材或细石混凝土保护层与卷材防水层间应设置隔离层；刚性保护层的分格缝留置应符合设计要求。
（3）排汽屋面的排汽道应纵横贯通，不得堵塞。排汽管应安装牢固，位置正确，封闭严密。
（4）卷材的铺贴方向应正确，卷材搭接宽度的允许偏差为 −10mm。

5.8 成品保护

（1）施工人员应认真保护已经做好的防水层，严防施工机具等把防水层戳破；施工人员不允许穿带钉子的鞋在卷材防水层上走动。

（2）穿过屋面的管道，应在防水层施工以前进行，卷材施工后不应在屋面上进行其他工种的作业。

如果必须上人操作时，应采取有效措施，防止卷材受损。

（3）屋面工程完工后，应将屋面上所有剩余材料和建筑垃圾等清理干净，防止堵塞水落口或造成天沟、屋面积水。

（4）施工时必须严格避免基层处理剂、各种胶粘剂和着色剂等材料污染已经做好饰面的墙壁、檐口等部位。

（5）水落口处应认真清理，保持排水畅通，以免天沟积水。

5.9 安全环保措施

（1）防水工程施工前，应编制安全技术措施，书面向全体操作人员进行安全技术交底工作，并办理签字手续备查。

（2）施工过程中，应有专人负责督促，严格按照安全规程进行各项操作，合理使用劳动保护用品，操作人员不得赤脚或穿短袖衣服进行作业，防止胶粘液溅泼和污染，应将袖口和裤脚扎紧，应戴手套，不得直接接触油溶型胶泥油膏。接触有毒材料应戴口罩并加强通风。施工时禁止穿带高跟鞋、带钉鞋、光滑底面的塑料鞋和拖鞋，以确保上下屋面或在屋面上行走及上下脚手架的安全。

（3）患有皮肤病、支气管炎、结核病、眼病以及对胶泥油膏有过敏的人员，不得参加操作。

（4）操作时应注意风向，防止下风操作以免人员中毒、受伤。在较恶劣条件下，操作人员应戴防毒面具。

（5）运输线路要畅通，各项运输设施应牢固可靠，屋面孔洞及檐口应有安全防护措施。

（6）为确保施工安全，对有电器设备的屋面工程，在防水层施工时，应将电源临时切断或采取安全措施，对施工照明用电，应使用36V安全电压，对其他施工电源也应安装触电保护器，以防发生触电事故。

（7）操作现场禁止吸烟。严禁在卷材或胶泥油膏防水层的上方进行电、气焊工作，以防引起火灾和损伤防水层。

（8）必须切实做好防火工作，备有必要且充足的消防器材，一旦发生火灾，严禁用水灭火。

（9）施工现场及作业面的周围不得存放易燃易爆物品。

5.10 质量记录

（1）合成高分子防水卷材及配套材料应有产品合格证，材料进场后应进行复验并保存复验合格资料。

（2）屋面防水层施工质量验收记录。

（3）屋面防水层蓄水检验记录。

（4）屋面各项施工的技术交底、安全交底记录。

6 涂膜防水屋面工程施工工艺标准

6.1 总 则

6.1.1 适用范围

本工艺标准适用于防水等级为Ⅰ～Ⅳ级屋面防水。

6.1.2 编制参考标准及规范

(1)《建筑工程施工质量验收统一标准》　　GB 50300—2001
(2)《屋面工程质量验收规范》　　GB 50207—2002

6.2 术 语

(1) 验收：建筑工程在施工单位自行质量检查评定的基础上，参与建设活动的有关单位共同对检验批、分项、分部单位工程质量进行抽样复验，根据相关标准以书面形式对工程质量达到合格与否做出确认。

(2) 进场验收：对进入施工现场的材料、设备等按相关标准规定要求进行检验，对产品达到合格与否做出确认。

(3) 分格缝：在屋面找平层、刚性保护层上预先留设的缝。

(4) 检验批：按同一生产条件或按规定的方式汇总起来供检验用的，由一定数量样本组成的检验体。

(5) 检验：对检验项目中的性能进行量测、检查、试验等，并将结果与标准规定要求进行比较，以确定每项性能是否合格所进行的活动。

(6) 抽样检验：按照规定的抽样方案，随机地从进场的材料、设备或建筑工程检验项目中，按检验批抽取一定数量的样本所进行的检验。

(7) 观感质量：通过观察和必要的量测所反映的工程外在质量。

(8) 返修：对工程不符合标准规定的部位采取整修等措施。

(9) 返工：对不合格的工程部位采取的重新制作、重新施工等措施。

6.3 基本规定

(1) 涂膜应根据防水涂料的品种分层分遍涂布，不得一次涂成；应待先涂的涂层干燥成膜后，方可涂后一遍涂料。

(2) 需铺设胎体增强材料时，屋面坡度小于15%时，可平行屋面铺设；屋面坡度大于15%时，应垂直于屋脊铺设。

(3) 胎体长边搭接宽度不应小于50m，短边搭接宽度不应小于70mm。

(4) 采用二层胎体增强材料，上下层不得相互垂直铺设，搭接缝应错开，其间距不应小于幅宽的1/3。

(5) 应按照不同屋面防水等级，选定相应的防水涂料及其涂膜厚度。

6.4 施工准备

6.4.1 技术准备

(1) 施工前，施工单位应组织相关技术人员对涂膜防水屋面施工图进行会审，详细了解、掌握施工图中的各种细部构造及有关设计要求。

(2)依据本施工工艺标准并结合工程实际情况，制订施工技术方案或施工技术措施。

(3)施工前，必须根据设计要求试验确定每道涂料的涂布厚度和遍数。

(4)施工时，应建立各道工序的自检和专职人员检查制度，并有完整的检查记录。每道工序完成后，应经监理单位（或建设单位）检查验收，合格后方可进行下道工序的施工。

(5)涂膜防水屋面工程应由经资质审查合格的防水专业队伍进行施工，作业人员应持有工程所在地建设行政主管部门颁发的上岗证。

6.4.2 材料要求

(1)所采用的防水涂料、胎体增强材料、密封材料等应有产品合格证书和性能检测报告，材料的品种、规格、性能等技术指标应符合现行国家产品标准和设计要求。

材料进场后，应按本施工工艺标准表6.4.2-1、表6.4.2-2、表6.4.2-3、表6.4.2-4、表6.4.2-5和表6.4.2-6的规定进行抽样复检，并提出试验报告。不合格的材料，不得在涂膜防水屋面工程中使用。

适用于涂膜防水层的防水涂料分成两类：高聚物改性沥青防水涂料和合成高分子防水涂料。

1)高聚物改性沥青防水涂料的质量指标：常用的品种有（水乳型、溶剂型）氯丁橡胶改性沥青防水涂料、SBS（APP）改性沥青防水涂料、聚氨酯改性沥青防水涂料、再生胶改性沥青防水涂料等。其质量应符合表6.4.2-1的要求。

高聚物改性沥青防水涂料质量要求　　　　表6.4.2-1

项　　目	质　量　要　求
固体含量（%）	≥43
耐热度（80℃，5h）	无流淌、起泡和滑动
柔性（-10℃）	3mm厚，绕φ20mm圆棒，无裂纹、断裂

续表

项目		质量要求
不透水性	压力（MPa）	≥0.1
	保持时间（min）	≥30不渗透
延伸（20±2℃拉伸）(mm)		≥4.5

2）合成高分子防水涂料的质量指标：常用的品种有聚氨酯防水涂料（单双组分）、丙烯酸酯防水涂料、硅橡胶防水涂料、聚合物水泥防水涂料等。其质量应符合表6.4.2-2的要求。

合成高分子防水涂料质量要求　　表6.4.2-2

项目	质量要求		
	反应固化型（Ⅰ类）	挥发固化型（Ⅱ类）	聚和物水泥防水涂料
固体含量（%）	≥94	≥65	≥65
拉伸强度（MPa）	≥1.65	≥1.5	≥1.2
断裂延伸率（%）	≥350	≥300	≥200
柔性（℃）	-30，弯折无裂纹	-20，弯折无裂纹	-10，绕ϕ10mm棒无裂纹
不透水性	压力（MPa）	≥0.3	
	保持时间（min）	≥30	

注：Ⅰ类为反应固化型；Ⅱ类为挥发固化型。

（2）胎体增强材料的质量指标：常用的品种有聚酯无纺布、化纤无纺布、玻璃纤维网格布等。其质量应符合表6.4.2-3的要求。

胎体增强材料质量要求　　表6.4.2-3

项目		质量要求		
		Ⅰ	Ⅱ	Ⅲ
外观		均匀，无团状，平整无折皱		
拉力（宽50mm）(N)	纵向	≥150	≥45	≥90
	横向	≥100	≥35	≥50
延伸率（%）	纵向	≥10	≥20	≥3
	横向	≥20	≥25	≥3

注：Ⅰ类为聚酯无纺布；Ⅱ类为化纤无纺布；Ⅲ类为玻璃纤维网格布。

(3) 密封材料的质量指标

1) 改性石油沥青密封材料的物理性能应符合表 6.4.2-4 的要求。

改性石油沥青密封材料物理性能　　　表 6.4.2-4

项　目		性　能　要　求	
		Ⅰ	Ⅱ
耐热度	温度（℃）	70	80
	下垂值（mm）	≤4.0	
低温柔性	温度（℃）	－20	－10
	粘结状态	无裂纹和剥离现象	
拉伸粘结性（%）		≥125	
浸水后拉伸粘结性（%）		≥125	
挥发性（%）		≤2.8	
施工度（mm）		≥22.0	≥20.0

注：改性石油沥青密封材料按耐热度和低温柔性分为Ⅰ类和Ⅱ类。

2) 合成高分子密封材料的物理性能应符合表 6.4.2-5 的要求。

合成高分子密封材料物理性能　　　表 6.4.2-5

项　目		性　能　要　求						
		25LM	20HM	20LM	20HM	12.5E	12.5P	7.5P
拉伸模量（MPa）	23℃	≤0.4 和	>0.4 或	≤0.4 或	>0.4 或	—		
	－20℃	≤0.6	>0.6	≤0.6	>0.6			
定性粘结性		无破坏				—		
浸水后定伸粘结性		无破坏				—		
热压、冷拉后粘结性		无破坏				—		
拉伸压缩后粘结性		—				无破坏		
断裂延伸率（%）		—				≥100		≥20
浸水后断裂延伸率（%）		—				≥100		≥20

(4) 抽样方法：涂膜防水工程材料施工现场抽样复验应符合表 6.4.2-6 的要求。

涂膜防水工程材料现场抽样方法与项目　　　表 6.4.2-6

序	材料名称	现场抽样数量	外观质量检验	物理性能检验
1	高聚物改性沥青防水涂料	每 10t 为一批，不足 10t 按一批抽样	包装完好无损，且标明涂料名称、生产日期、生产厂名、产品有效期、无沉淀、凝胶、分层	固体含量，耐热度，柔性，不透水性，延伸
2	合成高分子防水涂料	每 10t 为一批，不足 10t 按一批抽样	包装完好无损，且标明涂料名称、生产日期、生产厂名、产品有效期	固体含量，拉伸强度，断裂延伸率，柔性，不透水性
3	胎体增强材料	每 3000m² 为一批，不足 3000m² 按一批抽样	均匀、无团状、平整、无折皱	拉力，延伸率

6.4.3 主要机具

主要机具见表 6.4.3。

主要机具　　　表 6.4.3

高聚物改性沥青防水涂料		合成高分子防水涂料	
溶剂型	水乳型	聚氨酯防水涂料	聚合物水泥、丙烯酸、硅橡胶防水涂料
扫帚、圆滚刷、腻子刀、钢丝刷、油漆刷、拌料桶（塑料或铁桶）、手提式电动搅拌器、剪刀、消防器	机具与溶剂型相同（毋需消防器材）	扫帚、圆滚刷、刮板、腻子刀、钢丝刷、油漆刷、称料桶、拌料桶、磅称、手提式电动搅拌器、消防器材等	扫帚、抹布、凿子、锤子、钢丝刷、腻子刀、台称、水桶、称料桶、拌料桶、手提式电动搅拌器、剪刀、圆滚刷、油漆刷等

6.4.4 作业条件

(1) 找平层应平整、坚实、无空鼓、无起砂、无裂缝、无松动掉灰。

（2）找平层与突出屋面结构（女儿墙、山墙、天窗壁、变形缝、烟囱等）的交接处以及基层的转角处应做成圆弧形，圆弧半径≥50mm。内部排水的水落口周围，基层应做成略低的凹坑。

（3）找平层表面应干净、干燥（水乳型防水涂料对基层含水率无严格要求）。

含水率测定方法如下：

可用高频水分测定仪测定，或采用1.5～2.0mm厚的1.0m×1.0m橡胶板覆盖基层表面，3～4h后观察其基层与橡胶板接触面，若无水印，即表明基层含水率符合施工要求。

（4）施工前，应将伸出屋面的管道、设备及预埋件安装完毕。

（5）涂膜防水屋面严禁在雨天、雪天和五级风及以上时施工。施工环境气温应符合表6.4.4的要求。

涂膜防水屋面施工标准气温　　　　表6.4.4

项　目	施工环境气温
高聚物改性沥青防水涂料	溶剂型不低于－5℃，水乳型不低于5℃
合成高分子防水涂料	溶剂型不低于－5℃，水乳型不低于5℃
聚合物水泥防水涂料	

6.5　材料和质量要点

6.5.1　材料的关键要求

（1）防水涂料主要经检验其固体含量、耐热度、柔性、不透水性和延伸率性能。

1）固体含量：根据防水涂料的特性，表6.4.2-1和表6.4.2-2中列出了两类防水涂料的固体含量要求。如果固体含量达不到表中规定，涂膜的厚度就难以得到保证。

2) 耐热度：在夏季最高气温条件下，屋面的表面温度表面可达70~80℃。若涂料的耐热度小于80℃，同时保持不了5h，涂膜即会发生流淌、起泡或滑动，若防水涂料达不到表6.4.2-1中列出的耐热度指标，即可判定该防水涂料的耐热度为不合格。

3) 柔性：为使防水涂料对施工温度具有一定的适应性，根据防水涂料的特性，表6.4.2-1和表6.4.2-2中列出了对两类防水涂料的柔性要求。

4) 不透水性：根据防水涂料的特性，表6.4.2-1和表6.4.2-2中列出了对防水涂料的不透水性要求，如能达到表中规定的质量要求，完工后的防水层就不会产生直接渗漏。

5) 延伸率：主要是使两类防水涂料具有一定的适应基层变形的能力，保证防水效果。

(2) 胎体增强材料应主要检验其拉力、延伸率和外观（有无团状、折皱及平整性）。

6.5.2 技术关键要求

(1) 所有节点防水施工时，均应先填密封材料。

(2) 涂膜防水层应根据防水涂料的品种分遍分层涂布，不得一次涂成。

(3) 应在先涂布的涂层干燥或固化成膜（不粘脚）后，方可涂布后一遍涂料。

(4) 涂膜防水层的施工顺序应按"先高后低，先远后近"的原则进行，同一屋面上先涂布阴阳角和排水较集中的水落口、天沟、檐口、天窗下等节点部位，再进行大面积涂布。

(5) 各遍涂层之间的涂布方向应相互垂直。涂层间每遍涂布的退槎和接槎应控制在50~100mm。

(6) 涂膜收头应用防水涂料多遍涂刷密实或用密封材料封严。

(7) 变形缝内应填充聚苯板，上面铺设衬垫材料后再用卷材封盖，顶部宜加混凝土盖板或金属盖板；变形缝的泛水高度不应小于250mm；防水涂料应涂至变形缝两侧砌体的上部。

（8）水落口杯与基层交接部位应作密封处理；水落口周围直径500mm范围内的坡度不应小于5%，并用防水涂料或密封材料涂封，涂封厚度不应小于2mm；涂膜防水层伸入水落口杯内不应小于50mm。

（9）女儿墙压顶应做防水处理，涂膜防水层应涂过女儿墙压顶。

（10）管道等根部直径500mm范围内，找平层应抹出高度不小于30mm的圆台，其根部四周应铺贴胎体增强材料，宽度和高度不应小于300mm；管道上的涂膜收头处应用防水涂料多道涂刷，并应用密封材料封严。

（11）铺贴胎体增强材料时，屋面坡度小于15%时可平行屋脊铺贴，屋面坡度大于15%时应垂直于屋脊铺贴。

（12）胎体增强材料长边搭接宽度不应小于50mm，短边搭接宽度不应小于70mm。

（13）采用两层胎体增强材料时，上下层不得相互垂直铺贴，搭接缝应错开，其间距不应小于幅度的1/3。

（14）胎体增强材料应加铺在涂层中间，下面涂层厚度不小于1mm；上层的涂层厚度不小于0.5mm。

（15）胎体增强材料铺贴时，不应拉伸过紧或太松，不得出现皱折、翘边。

（16）涂膜厚度选用应符合表6.5.2的规定。

涂膜厚度选用表　　　　　　　　表6.5.2

屋面防水等级	设防道数	高聚物改性沥青防水涂料	合成高分子防水涂料
Ⅰ级	三道或三道以上设防	—	不应小于1.5mm
Ⅱ级	二道设防	不应小于3mm	不应小于1.5mm
Ⅲ级	一道设防	不应小于3mm	不应小于2mm
Ⅳ级	一道设防	不应小于2mm	—

6.5.3 质量关键要求

（1）所用的防水涂料、胎体增强材料、密封材料和其他材料均必须符合质量标准和满足设计要求。施工现场应按规定进行抽样复检。

(2) 屋面坡度必须准确，找平层平整度不应超过5mm；不得有酥松、起砂、起皮等缺陷；出现裂缝应予修补。找平层的水泥砂浆配合比，细石混凝土的强度等级及厚度应符合设计要求。

(3) 防水层不得有裂纹、脱皮、流淌、鼓泡、脱落、开裂、孔洞、收头不严和胎体增强材料裸露、皱折、翘边等缺陷。

(4) 节点的密封处理，附加增强层的施工应满足设计要求。

(5) 胎体增强材料铺贴的时机、方式应严格控制；铺贴时必须保持平整、无皱折、无翘边，搭接应满足要求。

(6) 双组份防水涂料配料时计量应准确，搅拌应充分均匀，操作时必须精心。对于不同组分的容器、取料勺、搅拌棒等不得混用，以免产生凝胶。

(7) 必须按设计要求严格控制涂膜防水层的厚度以及每遍涂层的厚度和间隔涂布时间；涂布时应避免将气泡裹进涂层中，若有气泡产生应立即消除；涂布应厚薄均匀、表面平整。

(8) 防水涂层上设置保护层，应在涂布最后一遍涂料时边涂布边撒布细砂等粉料，以使两者间粘结牢固，并要求撒布均匀不得露底。对于与防水层粘结不牢的细砂等粉料，应待涂膜干燥、固化后，用扫帚将多余的细砂等粉料及时清扫干净，避免因雨水冲刷堵塞水落口或使屋面局部积水而影响排水效果。

6.5.4 职业健康安全关键要求

(1) 采用溶剂型防水涂料时，由于其中的一些溶剂有毒、易燃，操作时必须严格遵守操作要求，注意防火、防毒。

(2) 施工现场应通风良好，并配备消防器材。

6.5.5 环境关键要求

(1) 防水涂料贮运和保管的环境温度不应低于0℃。

(2) 胎体增强材料贮运和保管应干燥、通风，并远离火源。

(3)溶剂型防水涂料应存放在阴凉、通风、干燥、无强烈日光直晒的施工现场库房内,并备有消防器材。

(4)用溶剂型防水涂料时,施工现场严禁烟火,并应配备消防器材。

6.6 施 工 工 艺

6.6.1 工艺流程

(1)涂膜单独防水工艺流程

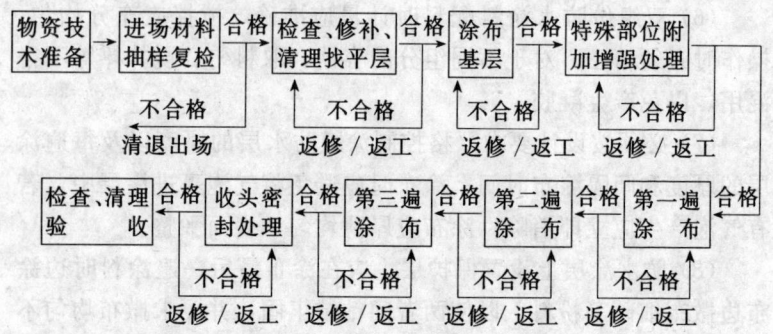

(2)铺贴胎体增强材料的工艺流程

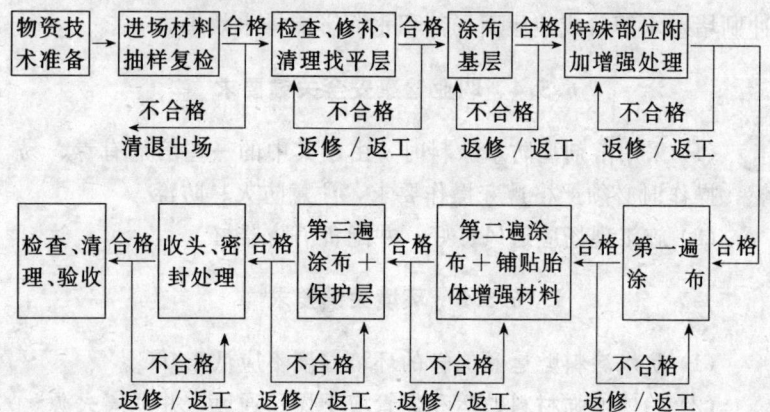

6.6.2 操作工艺

(1) 检查找平层

1) 检查找平层质量是否符合规定和设计要求，并进行清理、清扫。若存在凹凸不平、起砂、起皮、裂缝、预埋件固定不牢等缺陷，应及时进行修补，修补方法按表 6.6.2 要求进行。

2) 检查找平层干燥度是否符合所用防水涂料的要求。

3) 合格后方可进行下步工序。

找平层缺陷的修补方法　　　　表 6.6.2

缺陷种类	修 补 方 法
凹凸不平	铲除凸起部位。低凹处应用 1∶2.5 水泥砂浆掺 10%～15% 的 108 胶嵌抹，较浅时可用素水泥掺胶涂刷；对沥青砂浆找平层可用沥青胶结材料或沥青砂浆填补
起砂、起皮	要求防水层与基层牢固粘结时必须修补。起皮处应将表面清除，用水泥素浆掺胶涂刷一层，并抹平压光
裂　缝	当裂缝宽度＜0.5mm 时，可用密封材料刮封；当裂缝宽度＞0.5mm 时，沿缝凿成 V 型槽（(20×15-20) mm)，清扫干净后嵌填密封材料，再做 100mm 宽防水涂料层
预埋件固定不牢	凿开重新灌筑掺 108 胶或膨胀剂的细石混凝土，四周按要求做好坡度

(2) 找平层处理

1) 找平层处理剂的配制：对于溶剂型防水涂料可用相应的溶剂稀释后使用，以利于渗透，如：溶剂型 SBS 改性沥青防水涂料用汽油做稀释剂，稀释比例，涂料∶汽油＝1∶0.5。也可直接使用。

2) 涂布找平层：先对屋面节点、周边、拐角等部位进行涂布，然后再大面积涂布。注意均匀涂布、厚薄一致，不得漏涂，以增强涂层与找平层间的粘结力。

(3) 防水涂料的配制

1) 采用双组分防水涂料时，在配制前应将甲组分、乙组分搅拌均匀，然后严格按照材料供应商提供的材料配合比，准确计量；每次配制数量应根据每次涂布面积计算确定，随用随配；混合时，将甲组分、乙组分倒入容器内，用手提式电动搅拌器强力搅拌均匀后即可使用。

2) 单组分防水涂料使用前，只需搅拌均匀即可使用。

(4) 特殊部位附加增强处理

1) 天沟、檐沟、檐口等部位应加铺胎体增强材料附加层，宽度不小于200mm。

2) 水落口周围与屋面交接处做密封处理，并铺贴两层胎体增强材料附加层。涂膜伸入水落口的深度不得小于50mm。

3) 泛水处应加铺胎体增强材料附加层，其上面的涂膜应涂布至女儿墙压顶下，压顶处可采用铺贴卷材或涂布防水涂料做防水处理，也可采取涂料沿女儿墙直接涂过压顶的做法。

4) 所有节点均应填充密封材料。

5) 分格缝处空铺胎体增强材料附加层，铺设宽度为200~300mm。特殊部位附加增强处理可在涂布基层处理剂后进行，也可在涂布第一遍防水涂层以后进行。

(5) 涂布防水涂料

1) 待找平层涂膜固化干燥后，应先全面仔细检查其涂层上有无气孔、气泡等质量缺陷，若无即可进行涂布；若有，则应立即修补，然后再进行涂布。

2) 涂布防水涂料应先涂立面、节点，后涂平面。按试验确定的要求进行涂布涂料。

3) 涂层应按分条间隔方式或按顺序倒退方式涂布，分条间隔宽度应与胎体增强材料宽度一致。涂布完后，涂层上严禁上人踩踏走动。

4) 涂膜应分层、分遍涂布，应待前一遍涂层干燥或固化成膜后，并认真检查每一遍涂层表面确无气泡、无皱折、无凹坑、无刮痕等缺陷时，方可进行后一遍涂层的涂布，每遍涂布方向应相互垂直。

5) 铺贴胎体增强材料应在涂布第二遍涂料的同时或在第三

遍涂料涂布前进行。前者为湿铺法,即,边涂布防水涂料边铺展胎体增强材料边用滚刷均匀滚压;后者为干铺法,即,在前一遍涂层成膜后,直接铺设胎体增强材料,并在其已展平的表面用橡胶刮板均匀满刮一遍防水涂料。

6)根据设计要求可按上述4)要求铺贴第二层或第三层胎体增强材料,最后表面加涂一遍防水涂料。

(6)收头处理

1)所有涂膜收头均应采用防水涂料多遍涂刷密实或用密封材料压边封固,压边宽度不得小于10mm。

2)收头处的胎体增强材料应裁剪整齐,如有凹槽应压入凹槽,不得有翘边、皱折、露白等缺陷。

(7)涂膜保护层

1)涂膜保护层应在涂布最后一遍防水涂料的同时进行,即边涂布防水涂料边均匀撒布细砂等粒料。

2)在水乳型防水涂料层上撒布细砂等粒料时,应撒布后立即进行滚压,才能使保护层与涂膜粘结牢固。

3)采用浅色涂料做保护层时,应在涂膜干燥或固化后才能进行涂布。

(8)检查、清理、验收

1)涂膜防水层施工完后,应进行全面检查,必须确认不存在任何缺陷。

2)在涂膜干燥或固化后,应将与防水层粘结不牢且多余的细砂等粉料清理干净。

3)检查排水系统是否畅通,有无渗漏。

4)验收。

6.7 质量标准

6.7.1 主控项目

(1)防水涂料、胎体增强材料、密封材料和其他材料必须符合质量标准和设计要求。施工现场应按规定对进场的材料进行抽样复验。

（2）涂膜防水屋面施工完后，应经雨后或持续淋水24h的检验。若具备作蓄水检验的屋面，应做蓄水检验，蓄水时间不小于24h。必须做到无渗漏、不积水。

（3）天沟、檐沟必须保证纵向找坡符合设计要求

（4）细部防水构造（如：天沟、檐沟、檐口、水落口、泛水、变形缝和伸出屋面的管道）必须严格按照设计要求施工，必须做到全部无渗漏。

6.7.2 一般项目

（1）涂膜防水层

1）涂膜防水层应表面平整、涂布均匀，不得有流淌、皱折、鼓泡、裸露胎体增强材料和翘边等质量缺陷，发现问题，及时修复。

2）涂膜防水层与基层应粘结牢固。

（2）涂膜防水层的平均厚度应符合表6.5.2的规定和设计要求，涂膜最小厚度不应小于设计厚度的80%。采用针测法或取样量测方式检验涂膜厚度。

（3）涂膜保护层

1）涂膜防水层上采用细砂等粒料做保护层时，应在涂布最后一遍涂料时，边涂布边均匀铺撒，使相互间粘结牢固，覆盖均匀严密，不露底。

2）涂膜防水层上采用浅色涂料做保护层时，应在涂膜干燥固化后做保护层涂布，使相互间粘结牢固，覆盖均匀严密，不露底。

3）防水涂膜上采用水泥砂浆、块材或细石混凝土做保护层时，应严格按照设计要求设置隔离层。块材保护层应铺砌平整，勾缝严密，分格缝的留设应准确。

4）刚性保护层的分格缝留置应符合设计要求，做到留设准

确，不松动。

6.8 成品保护

涂膜防水层施工进行中或施工完后，均应对已做好的涂膜防水层加以保护和养护，养护期一般不得少于7d，养护期间不得上人行走，更不得进行任何作业或堆放物料。

6.9 安全环保措施

（1）溶剂型防水涂料易燃有毒，应存放于阴凉、通风、无强烈日光直晒、无火源的库房内，并备有消防器材。

（2）使用溶剂型防水涂料时，施工现场周围严禁烟火，应备有消防器材。施工人员应着工作服、工作鞋、带手套。操作时若皮肤上沾上涂料，应及时用沾有相应溶剂的棉纱擦除，再用肥皂和清水洗净。

6.10 质量记录

（1）质量记录应贯穿反映涂膜防水屋面工程施工的全过程，应对合格过程和不合格处理过程做详细记录，以便在施工过程中和施工完后，对出现的施工质量问题作出准确的判断和处理。

（2）施工现场质量管理记录按本标准表6.10-1的要求进行。该表由施工单位按表内内容详细填写，由总监理工程师（建设单位项目负责人）进行检查，并作出检查结论。

（3）检验批质量验收记录按本标准表6.10-2的要求进行。该表由施工项目专业质量检查负责人填写，由监理工程师（建设单位项目专业技术负责人）组织专业质量检查员等进行验收。

（4）分部（子分部）工程质量验收记录按本标准表6.10-3的要求进行。该表由总监理工程师（建设单位项目专业负责人）

组织施工项目经理和有关勘察、设计单位项目负责人进行验收。

施工现场质量管理检查记录 表6.10-1

工程名称		施工许可证(开工证)	
建设单位		项目负责人	
设计单位		项目负责人	
监理单位		总监理工程师	
施工单位		项目经理	项目技术负责人

序号	项目	内容
1	现场质量管理制度	
2	质量责任制	
3	主要专业工种操作上岗证书	
4	分包方资质与对分包单位的管理制度	
5	施工图审查情况	
6	地质勘察资料	
7	施工组织设计、施工方案及审批	
8	施工技术标准	
9	工程质量检验制度	
10	搅拌站及计量设置	
11	现场材料、设备存放与管理	
12		

检查结论:

    总监理工程师
  (建设单位项目负责人)   年 月 日

检验批质量验收记录 表 6.10-2

工程名称		分项工程名称		验收部位	
施工单位			专业工长		项目经理
施工执行标准名称及编号					
分包单位		分包项目经理			施工班组长

		质量验收规范的规定	施工单位检查评定记录	监理（建设）单位验收记录
主控项目	1			
	2			
	3			
	4			
	5			
	6			
	7			
	8			
	9			
一般项目	1			
	2			
	3			
	4			
施工单位检查评定结果		项目专业质量检查员： 年 月 日		
监理（建设）单位验收结论		监理工程师（建设单位项目专业技术负责人） 年 月 日		

_____分部(子分部)工程验收记录　　　表 6.10-3

工程名称		结构类型		层　　数		
施工单位		技术部门负责人		质量部门负责人		
分包单位		分包单位负责人		分包技术负责人		
序号	分项工程名称		检验批数	施工单位检查评定	验收意见	
1						
2						
3						
4						
5						
6						
质量控制资料						
安全和功能检验(检测)报告						
观感质量验收						
验收单位	分包单位		项目经理		年　月　日	
	施工单位		项目经理		年　月　日	
	勘察单位		项目负责人		年　月　日	
	设计单位		项目负责人		年　月　日	
	监理(建设)单位		总监理工程师 (建设单位项目专业负责人)		年　月　日	

7 刚性防水屋面工程施工工艺标准

7.1 总 则

7.1.1 适用范围

本工艺标准适用于防水等级为Ⅰ~Ⅲ级的屋面防水层。

7.1.2 编制参考标准及规范

(1)《屋面工程质量验收规范》　　　　　GB 50207—2002
(2)《建筑工程施工质量验收统一标准》　GB 50300—2001

7.2 术 语

(1) 基层处理剂：为了增强防水材料与基层之间的粘结力，在防水层施工之前，预先涂刷在基层上的涂料。

(2) 分格缝：屋面找平层、刚性防水层、刚性保护层上预先留设的缝。刚性保护层在表面上做成V型槽，称为表面分格缝。

(3) 改性沥青密封材料：用沥青为基料，用适量的合成高分子聚合物进行改性，加入填充料和其他化学助剂配制而成的膏状密封材料。

(4) 合成高分子密封材料：以合成高分子材料为主体，加入适量的化学助剂、填充料和着色剂，经过特定的生产工艺加工而成的膏状密封材料。

7.3 基本规定

(1) 刚性防水层中细石混凝土中不得使用火山灰水泥；当采用矿渣硅酸盐水泥时，应采用减少泌水性的措施，混凝土的强度等级不应低于C20。

(2) 刚性防水层与立墙及突出屋面结构等交接处，均应做柔性密封处理；刚性防水层与基层间宜设置隔离层。

(3) 混凝土中掺加膨胀剂、减水剂、防水剂等外加剂时，应按配合比准确计量，投料顺序得当，并应用机械搅拌，机械振捣。

(4) 刚性防水层应设置分格缝，分格缝内应嵌填密封材料。

(5) 细石混凝土防水层的厚度不应小于40mm。

7.4 施工准备

7.4.1 技术准备

(1) 根据设计图纸及相关施工验收规范编制施工方案（或作业指导书）。

(2) 按照施工方案（或作业指导书）要求做好技术、安全交底。

7.4.2 材料要求

(1) 混凝土水灰比不应大于0.55，每立方米混凝土水泥用量不得少于330kg，含砂率宜为35%～40%；灰砂比宜为1:2～1:2.5；混凝土采用机械搅拌，搅拌时间不应少于2min，补偿收缩混凝土连续搅拌时间不应少于3min。

(2) 水泥宜采用普通硅酸盐水泥或硅酸盐水泥，不得采用火山灰质水泥，强度等级不低于32.5级；石子最大粒径不宜超过

15mm，含泥量不应大于1%，应有良好的级配；砂子应采用中砂或粗砂，粒径在0.3～0.5mm，含泥量不应大于2%。

（3）采用直径4～6mm、间距为100～200mm的双向钢筋网片，也可采用冷拔低碳钢丝，网片应采用绑扎或电焊制作，在分格缝处断开，绑扎钢筋的搭接长度满足搭接要求，其保护层不应小于10mm。

（4）细石混凝土宜掺入膨胀剂、减水剂、防水剂等外加剂，应根据不同品种的使用范围、技术要求选定，按照配合比准确计量，投料顺序得当。细石混凝土应用机械充分搅拌均匀，坍落度控制在30～50mm，达到密实以提高其防水性能。

（5）用于密封处理的密封材料应具有弹塑性、粘结性、耐候性以及防水、气密性和耐疲劳性，如改性沥青嵌缝油膏、聚氨酯类和硅酮类等合成高分子密封材料。质量要求应符合规范和设计规定，其储存、保管应避免日晒、雨淋，避开火源，防止碰撞。

7.4.3 主要机具

主要机具见表7.4.3。

主要机具　　　　　表7.4.3

序号	机具名称	型号	备注	序号	机具名称	型号	备注
1	混凝土搅拌机	J750		6	平板振动器		
2	运输小车			7	滚筒		
3	铁锹			8	塑料薄膜		
4	铁抹子			9	水平尺		
5	水平刮杠			10	钢筋钳		

7.4.4 作业条件

（1）现浇整体式钢筋混凝土屋面，结构层表面应平整、坚实，必须进行蓄水试验，当发现有裂缝、渗漏等缺陷时，必须进行封闭和防锈处理。

(2) 预制钢筋混凝土屋面板不得有外部损伤和缺陷,凡有局部轻微缺陷者,应在吊装前修补好;预制板应安装平稳,板缝应大小一致,板缝宽度上口不小于30mm,下口不小于20mm;对板缝呈上窄下宽或宽度大于50mm的,应加设构造钢筋;相邻板面高差不大于10mm。

(3) 采用细石混凝土灌缝时,应在灌缝前清理板缝,并刷水泥素灰,用钢丝吊托底模,分次浇筑水泥砂浆和细石混凝土。混凝土应浇捣密实,不得有蜂窝麻面等缺陷,高度应与板面平齐。

(4) 所有出屋面的管道、设备或预埋件均应安装完毕,检验合格,并做好防水处理。

(5) 找平层应平整、压实、抹光,使其具有一定的防水能力。

(6) 细石混凝土防水层施工温度宜在5~30℃,应避免在负温或烈日暴晒下施工。

7.5 材料和质量要点

7.5.1 材料的关键要求

细石混凝土中不得使用火山灰水泥;混凝土水灰比不应大于0.55;每立方米混凝土水泥用量不得少于330kg;含砂率宜为35%~40%;灰砂比宜为1:2~1:2.5;混凝土强度等级不应低于C20。

7.5.2 技术关键要求

混凝土中掺加外加剂的品种、数量必须依照外加剂性能进行选配,并按配合比准确计量,投料顺序得当。

7.5.3 质量关键要求

混凝土的原材料配合比必须符合设计要求;细石混凝土防水

层不得出现渗漏或积水现象。

7.5.4 职业健康安全关键要求

混凝土工、抹灰工必须是经过培训持有有效上岗证的人员；屋面四周必须有安全防护栏杆或脚手架。

7.5.5 环境关键要求

混凝土搅拌、运输、浇筑过程中不得污染其他部位。

7.6 施 工 工 艺

7.6.1 工艺流程

清理基层 → 找坡 → 做找平层 → 做隔离层 → 弹分格缝线 → 安装分格缝木条、支边模板 → 绑扎防水层钢筋网片 → 浇筑细石混凝土 → 养护 → 分格缝、变形缝等细部构造密封处理

7.6.2 操作工艺

（1）基层处理

1）刚性防水层的基层宜为整体现浇钢筋混凝土板或找平层，应为结构找坡或找平层找坡，此时为了缓解基层变形对刚性防水层的影响，在基层与防水层之间设隔离层。

2）基层为装配式钢筋混凝土板时，板端缝应先嵌填密封材料处理。

3）刚性防水层的基层为保温屋面时，保温层可兼做隔离层，但保温层必须干燥。

4）基层为柔性防水层时，应加设一道无纺布做隔离层。

（2）做隔离层

1）在细石混凝土防水层与基层之间设置隔离层，依据设计

可采用干铺无纺布、塑料薄膜或者低强度等级的砂浆,施工时避免钢筋破坏防水层,必要时可在防水层上做砂浆保护层。

2) 采用低强度等级的砂浆的隔离层表面应压光,施工后的隔离层应表面平整光洁,厚薄一致,并具有一定的强度。在浇筑细石混凝土前,应做好隔离层成品保护工作,不能踩踏破坏,待隔离层干燥,并具有一定的强度后,细石混凝土防水层方可施工。

(3) 分格缝设置原则

细石混凝土防水层的分格缝,应设在变形较大和较易变形的屋面板的支承端、屋面转折处、防水层与突出屋面结构的交接处,并应与板缝对齐,其纵横间距应控制在 6m 以内。

(4) 粘贴安放分格缝木条

1) 分格缝的宽度应不大于 40mm,且不小于 10mm,如接缝太宽,应进行调整或用聚合物水泥砂浆处理。

2) 按分格缝的宽度和防水层的厚度加工或选用分格木条。木条应质地坚硬、规格正确,为方便拆除应做成上大下小的楔形、使用前在水中浸透,涂刷隔离剂。

3) 采用水泥素灰或水泥砂浆固定于弹线位置,要求尺寸、位置正确。

4) 为便于拆除,分格缝镶嵌材料也可以使用聚苯板或定型聚氯乙烯塑料分格条,底部用水泥砂浆固定在弹线位置。

(5) 绑扎钢筋网片

1) 钢筋网片可采用 $\phi 4 \sim \phi 6$mm 冷拔低碳钢丝,间距为 $100 \sim 200$mm 的绑扎或点焊的双向钢筋网片。钢筋网片应放在防水层上部,绑扎钢丝收口应向下弯,不得露出防水层表面。钢筋的保护层厚度不应小于 10mm,钢丝必须调直。

2) 钢筋网片要保证位置的正确性并且必须在分格缝处断开,可采用如下方法施工:将分格缝木条开槽、穿筋,使冷拔钢丝调直拉伸并固定在屋面周边设置的临时支座上,待混凝土浇筑完毕,强度达到 50% 时,取出木条,剪断分格缝处的钢丝,然后拆除支座。

(6) 浇筑细石混凝土

1) 混凝土浇筑应按照由远而近，先高后低的原则进行。在每个分格内，混凝土应连续浇筑，不得留施工缝，混凝土要铺平铺匀，用高频平板振动器振捣或用滚筒碾压，保证达到密实程度，振捣或碾压泛浆后，用木抹子拍实抹平。

2) 待混凝土收水初凝后，大约10h左右，起出木条，避免破坏分格缝，用铁抹子进行第一次抹压，混凝土终凝前进行第二次抹压，使混凝土表面平整、光滑、无抹痕。抹压时严禁在表面洒水、加干水泥或水泥浆。

(7) 养护

细石混凝土终凝后（12~24h）应养护，养护时间不应少于14d，养护初期禁止上人。养护方法可采用洒水湿润，也可采用喷涂养护剂、覆盖塑料薄膜或锯末等方法，必须保证细石混凝土处于充分的湿润状态。

(8) 分格缝、变形缝等细部构造的密封防水处理

1) 细部构造

① 屋面刚性防水层与山墙、女儿墙等所有竖向结构及设备基础、管道等突出屋面结构交接处都应断开，留出30mm的间隙，并用密封材料嵌填密封。在交接处和基层转角处应加设防水卷材，为了避免用水泥砂浆找平并抹成圆弧易造成粘结不牢、空鼓、开裂的现象，而采用与刚性防水层做法一致的细石混凝土（内设钢筋网片）在基层与竖向结构的交接处和基层的转角处找平并抹圆弧，同时为了有利于卷材铺贴，圆弧半径宜大于100mm，小于150mm。竖向卷材收头固定密封于立墙凹槽或女儿墙压顶内，屋面卷材头应用密封材料封闭。

② 细石混凝土防水层应伸到挑檐或伸入天沟、檐沟内不小于60mm，并做滴水线。

2) 嵌填密封材料

① 应先对分格缝、变形缝等防水部位的基层进行修补清理，

去除灰尘杂物，铲除砂浆等残留物，使基层牢固、表面平整密实、干净干燥，方可进行密封处理。

② 密封材料采用改性沥青密封材料或合成高分子密封材料等。嵌填密封材料时，应先在分格缝侧壁及缝上口两边 150mm 范围内涂刷与密封材料材性相配套的基层处理剂。改性沥青密封材料基层处理剂现场配置，为保证其质量，应配比准确，搅拌均匀。多组份反应固化型材料，配置时应根据固化前的有效时间确定一次使用量，用多少配置多少，未用完的材料不得下次使用。

③ 处理剂应涂刷均匀，不露底。待基层处理剂表面干燥后，应立即嵌填密封材料。密封材料的接缝深度为接缝宽度的 0.5~0.7 倍，接缝处的底部应填放与基层处理剂不相容的背衬材料，如泡沫棒或油毡条。

④ 当采用改性石油沥青密封材料嵌填时应注意以下两点

a. 热灌法施工应由下向上进行，尽量减少接头，垂直于屋脊的板缝宜先浇灌，同时在纵横交叉处宜沿平行于屋脊的两侧板缝各延伸浇灌 150mm，并留成斜楂。

b. 冷嵌法施工应先将少量密封材料批刮到缝槽两侧，分次将密封材料嵌填在缝内，用力压嵌密实，嵌填时密封材料与缝壁不得留有空隙，并防止裹入空气，接头应采用斜楂。

⑤ 采用合成高分子密封材料嵌填时，不管是用挤出枪还是用腻子刀施工，表面都不会光滑平直，可能还会出现凹陷、漏嵌填、孔洞、气泡等现象，故应在密封材料表面干前进行修整。

⑥ 密封材料嵌填应饱满、无间隙、无气泡，密封材料表面呈凹状，中部比周围低 3~5mm。

⑦ 嵌填完毕的密封材料应保护，不得碰损及污染，固化前不得踩踏，可采用卷材或木板保护。

⑧ 女儿墙根部转角做法：首先在女儿墙根部结构层做一道柔性防水，再用细石混凝土做成圆弧形转角，细石混凝土圆弧形转角面层做柔性防水层与屋面大面积柔性防水层相连，最后，用

聚合物砂浆做保护层。

⑨ 变形缝中间应填充泡沫塑料，其上放置衬垫材料，并用卷材封盖，顶部应加混凝土盖板或金属盖板。

7.7 质量标准

7.7.1 细石混凝土刚性防水层

（1）检查数量：按屋面面积每 $100m^2$ 抽查一处，每处 $10m^2$，每一层面不应少于 3 处。

（2）主控项目

1）所使用的原材料、外加剂、混凝土配合比防水性能，必须符合设计要求和规程的规定。

检验方法：检查产品的出厂合格证、混凝土配合比和试验报告。

2）钢筋的品种、规格、位置及保护层厚度，必须符合设计要求和规程规定。

检验方法：可检查钢筋隐蔽验收记录和观察检查。

3）防水层完工后严禁有渗漏现象。可蓄水 30~100mm 高，持续 24h 观察。

（3）一般项目

1）细石混凝土防水层的坡度，必须符合排水要求，不积水，可用坡度尺检查或浇水观察。

2）细石混凝土防水层的外观质量应厚度一致、表面平整、压实抹光、无裂缝、起壳、起砂等缺陷。

3）泛水、檐口、分格缝及溢水口标高等做法应符合设计和规程规定；泛水、檐口做法正确，分格缝的设置位置和间距符合要求，分格缝和檐口平直，溢水口标高正确；可检查隐蔽工程验收记录及观察检查。

（4）实测项目

细石混凝土屋面的允许偏差应符合表 7.7.1 要求：

细石混凝土屋面的允许偏差　　　　表 7.7.1

项　目	允许偏差（mm）	检　验　方　法
平整度	±5	用 2m 直尺和楔形塞尺检查
分格缝位置	±20	尺量检查
泛水高度	≥120	尺量检查

7.7.2　密封材料

(1) 检查数量：按每 50m 检查一处，每处 5m，且不少于 3 处。

(2) 主控项目

1) 密封材料的质量必须符合设计要求。

检验方法：可检查产品的合格证、配合比和现场抽样复验报告。

2) 密封材料嵌填必须密实、连续、饱满，粘结牢固，无气泡、开裂、鼓泡、下塌或脱落等缺陷；厚度符合设计和规程要求。

3) 嵌填的密封材料表面应平滑，缝边应顺直，无凹凸不平现象。

(3) 一般项目

1) 密封材料嵌缝的板缝基层应表面平整密实，无松动、露筋、起砂等缺陷，干燥干净，并涂刷基层处理剂。

2) 嵌缝后的保护层粘结牢固，覆盖严密，保护层盖过嵌缝两边各不少于 20mm。

(4) 实测项目

密封防水接缝宽度的允许偏差为±10%，接缝深度为宽度的 0.5～0.7 倍。

7.8　成品保护

(1) 刚性防水层混凝土浇筑完，应按要求进行养护，养护期间不准上人，其他工种不得进入，养护期过后也要注意成品保护。分格缝填塞时，注意不要污染屋面。

(2) 雨水口等部位安装临时堵头要保护好，以防灌入杂物，造成堵塞。

(3) 不得在已完成屋面上拌合砂浆及堆放杂物。

7.9　安全环保措施

(1) 屋面四周无女儿墙处按要求搭设防护栏杆或防护脚手架。

(2) 浇筑混凝土时混凝土不得集中堆放。

(3) 水泥、砂、石、混凝土等材料运输过程不得随处溢洒，及时清扫撒落地材料，保持现场环境整洁。

(4) 混凝土振捣器使用前必须经电工检验确认合格后方可使用。开关箱必须装设漏电保护器，插头应完好无损，电源线不得破皮漏电，操作者必须穿绝缘鞋（胶鞋），戴绝缘手套。

7.10　质量记录

(1) 技术交底记录中施工操作要求及注意事项。

(2) 材料质量文件：水泥、外加剂出厂合格证，水泥、砂、石子试验报告或质量检验报告。

(3) 中间检查记录：隐蔽工程检查验收记录、施工检验记录、淋（蓄）水检验记录。

(4) 工程检验记录：抽样质量检验记录及观察检查记录。

8 平瓦屋面工程施工工艺标准

8.1 总则

8.1.1 适用范围

本工艺标准适用于防水等级为Ⅱ、Ⅲ级以及坡度不小于20%的屋面，采用黏土、水泥等材料制成的平瓦铺设在钢筋混凝土或木基层上进行屋面防水的工程。

8.1.2 编制参考标准及规范

(1)《屋面工程质量验收规范》　　　　　GB 50207—2002
(2)《建筑工程施工质量验收统一标准》　GB 50300—2001

8.2 术语

平瓦屋面：采用黏土、水泥等材料制成的平瓦铺设在钢筋混凝土或木基层上进行防水的屋面。

8.3 基本规定

(1) 平瓦必须铺置牢固，地震设防地区或坡度大于50%的屋面应采取固定加强措施。

(2) 平瓦应铺成整齐的行列，彼此紧密搭接，并应瓦榫落槽，瓦脚挂牢；瓦头排齐，檐口应成一直线；靠近屋脊处的第一排瓦应用砂浆窝牢。

（3）平瓦屋面与山墙及突出屋面结构等交接处，均应做泛水处理。

（4）天沟、檐沟应根据工程的综合条件选用不同的防水材料做好防水层。

（5）瓦屋面完工后严禁上人任意走动、踩踏或堆放物品。

8.4 施工准备

8.4.1 技术准备

（1）根据设计图纸及相关施工验收规范编制施工方案（或作业指导书）。

（2）按照施工方案（或作业指导书）要求做好技术交底、安全交底。

8.4.2 材料要求

（1）平瓦和脊瓦的规格和质量见表8.4.2-1、表8.4.2-2、表8.4.2-3，材料进场后应进行外观检验，并按有关规定进行抽样复验。

平瓦规格表　　　　表8.4.2-1

项次	平瓦名称	规格(mm)	每块重量(kg)	每块有效面积(m²)	每平方米(块)
1	黏土平瓦	(360~400)×(220~240)×(14~16)	3.1	0.053~0.067	18.9~15.0
2	水泥平瓦	(385~400)×(235~250)×(15~16)	3.3	0.062~0.070	16.1~14.3
3	硅酸盐平瓦	400×240×16	3.2	0.067	15.0
4	炉渣平瓦	390×230×12	3.0	0.062	16.1
5	水泥炉渣平瓦	400×240×(13~15)	3.2	0.067	15.0
6	炭化灰砂瓦	380×215×15	—	0.055	18.2

续表

项次	平瓦名称	规　　格 （mm）	每块重量 （kg）	每块有效 面积（m²）	每平方 米（块）
7	煤矸石平瓦	390×240×（14～15） 350×250×20	— —	0.065 0.060	15.4 16.7
8	水泥大平瓦	700×500×15 690×430×（12～15）	14.0	0.26 0.22	3.8 4.5

黏土平瓦外观质量等级表　　　表8.4.2-2

项次	名　　称	允许偏差（mm）		检验方法
		一等	二等	
1	长度 宽度	±7 ±5	±7 ±5	用尺检查
2	翘曲不得超过	4	4	用直尺靠紧瓦面对角、瓦侧面检查
3	裂纹： 实用面上的贯穿裂纹 实用面上非贯穿裂纹长度不得超过 搭接面上的贯穿裂纹 边筋	不允许 30 不允许 不允许断裂	不允许 30 不得延伸入搭接部分的一半处 不允许断裂	用尺量检查
4	瓦正面缺棱掉角（损坏部分的最大深度小于4mm者不计）的长度不得超过	30	45	用尺量检查
5	边筋和瓦爪的残缺： 边筋和残留高度不低于 后爪 前爪	2 不允许 允许一爪有缺，但不得大于爪高的1/3	2 允许一爪有缺，但不得大于爪高的1/3 允许二爪有缺，但不得大于爪高的1/3	用尺量检查

续表

项次	名称	允许偏差（mm）		检验方法
		一等	二等	
6	混等率（指本等级中混入该等以上各等级产品的百分率）不得超过	5%		5%

脊瓦规格重量表　　　　　表 8.4.2-3

名 称	规 格（mm）	重 量（kg）	每米屋脊（块）
黏土脊瓦	455×190×20	3.0	2.4
水泥脊瓦	455×165×15 455×170×15 465×175×15	3.3	2.4

（2）钢筋规格及强度等级符合设计要求，进场前按规范要求进行复试。

（3）水泥砂浆具有良好的和易性，强度等级不低于 M5。

（4）挂瓦条规格符合选定要求，材质符合相应标准要求，表面经防腐处理。

（5）钢钉材质符合相应标准要求，规格适用于选定的顺水条、挂瓦条。

8.4.3 主要机具

主要机具见表 8.4.3。

表 8.4.3

序号	机具名称	型号	备注	序号	机具名称	型号	备注
1	砂浆搅拌机	J750		4	墨斗		
2	运输小车			5	锤子		
3	铁锹			6	灰铲		

8.4.4 作业条件

（1）开放式钢、木屋架檩条、椽条结构完整质量应符合表 8.4.4。

(2)现浇混凝土屋面板密实,表面平整,坡度符合设计防水要求,基层已验收合格。

檩条、椽条、封檐板质量检查表   表8.4.4

项次	项 目		允许偏差 （mm）	检 查 方 法
1	檩条、椽条的截面尺寸	10cm以下	−2	每种各抽查3根,用尺量高度和宽度检查
		10cm以上	−3	
2	圆木檩（梢径）		−5	抽查3根,用尺量梢径,取其最大与最小的平均值
3	檩条上表面齐平	方木	5	每坡拉线,用尺量一处检查
		圆木	8	
4	悬臂檩接头位置		1/50跨长	抽查3处,用尺量检查
5	封檐板平直		8	每个工程抽查3处,拉10m线和尺量检查

8.5 材料和质量要点

8.5.1 材料的关键要求

平瓦及其脊瓦应边缘整齐,表面光洁,不得有分层、裂纹和露砂等缺陷。平瓦的瓦爪与瓦槽的尺寸应配合适当。

8.5.2 技术关键要求

挂瓦次序必须是从檐口由下到上、自左至右的方向进行。

8.5.3 质量关键要求

（1）平瓦不得有缺角（边、瓦爪）、砂眼、裂纹和翘曲等缺陷。

（2）挂瓦应平整,搭接紧密,并满足相应的搭接宽度及长度,行列横平竖直,靠屋脊一排瓦应挂上整瓦；檐口出檐尺寸一致,檐头平直整齐。

(3) 屋脊要平直,脊瓦搭口和脊瓦与平瓦的缝隙、沿出墙挑檐的平瓦、斜沟瓦与排水沟的空隙均应用麻刀灰浆填实抹平,封固严密。

8.6 施 工 工 艺

8.6.1 工艺流程

(1) 混凝土基层施工工艺流程

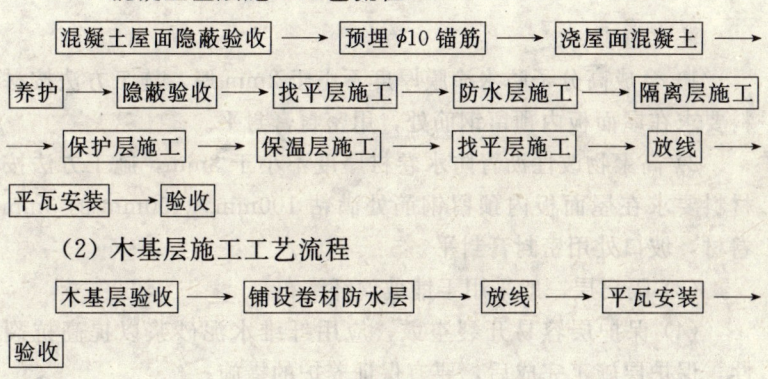

(2) 木基层施工工艺流程

8.6.2 操作工艺

(1) 屋面板施工:屋面坡度较大时应采用双面模板浇筑,坡度较小时采用单面模板浇筑,坍落度为7~9cm,小型振捣器振捣,振捣从檐口往屋脊进行,然后拉通线,用木枋找坡,抹子压实抹平。养护采用麻袋覆盖浇水保持湿润不少于7d。

(2) 防水层施工:施工前先校正预埋锚筋见图8.6.2-1,位置是否正确,长度应满足伸出保温层25mm。防水层施工时先对斜坡面与立面的交接处、开沟、檐沟、女儿墙等部位的防水层应采用合成高分子防水卷材、高聚物改性沥青防水卷材、沥青防水卷材、金属板材或塑料板材等材料铺设,一般采用二毡三油。泄水管上端口周围用密封膏封平。

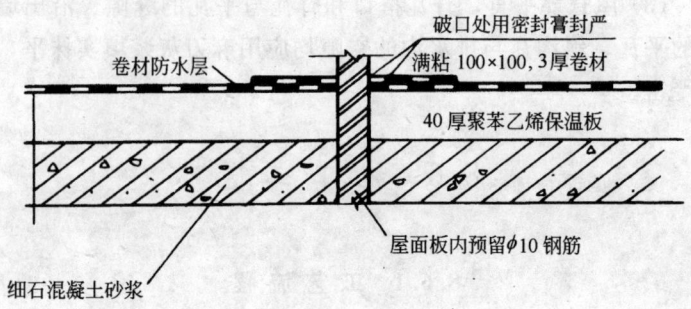

图 8.6.2-1 预埋钢筋防水做法

注意事项：

1）合成高分子防水涂膜厚度不小于 2mm 厚，施工方法按材料要求在屋面板内预留钢筋处，用密封膏封平。

2）高聚物改性沥青防水卷材厚度不小于 3mm，施工方法按材料要求在屋面板内预留钢筋处满粘 100mm×100mm 的 3mm 卷材，坡口处用密封膏封平。

（3）隔离层一般采用干铺玻璃纤维布。

（4）保护层容易开裂空鼓，应用纤维水泥砂浆以提高抗裂性，保护层施工完成后，要有保证养护的措施。

（5）保温层材料采用 40mm 厚挤塑聚苯乙烯泡沫塑料板，安装时拼封要严密牢固。

（6）找平层施工：用 40mm 厚 C20 细石混凝土中配 $\phi6@500mm \times 500mm$ 钢筋网，钢筋网应骑跨屋脊并绷直，与屋面板内屋脊和檐口处预埋 $\phi10$ 锚筋连接牢固（预留 $\phi10$ 拉结筋@1500）。细石混凝土坍落度 5～7cm，用木抹子拍打压实，不要漏出钢筋网，在与屋面突出物相连处留 30mm 宽缝隙嵌填密封膏。

（7）木基层上卷材铺设：应自下而上平行屋脊铺贴，搭接应顺流水方向，卷材铺设时应压实铺平，上部工序施工时不得损坏卷材。卷材搭接长度不宜小于 100mm，并用顺水条将卷材压钉在木基层上，顺水条的间距为 500mm，再在顺水条上铺钉挂瓦条，也可在木基层上设置泥背的方法铺设，泥背厚度宜为30～50mm。

(8) 挂瓦屋面做法：

1) 施工放线

① 无顺水条做法：先在距屋脊 30mm 处弹一平行屋脊的直线确定最上一条挂瓦条的位置，再在距屋檐 50mm 处弹一平行屋脊的直线确定最下一条挂瓦条的位置，然后再根据瓦片和搭接要求均分弹出中间部位的挂瓦条位置线，挂瓦条的间距要保证上一层瓦的挡雨檐要将下排瓦的钉孔盖住，见图 8.6.2-2。

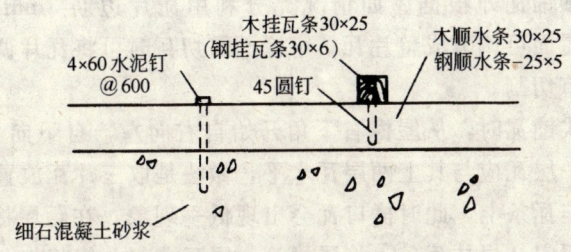

图 8.6.2-2 有顺水条做法

② 顺水条做法：先在两山檐边距檐口 50mm 处弹平行山檐的直线，然后根据两山檐距离弹顺水条位置线，顺水条间距≤500mm，再按无顺水条的做法弹挂瓦条线，见图 8.6.2-3。

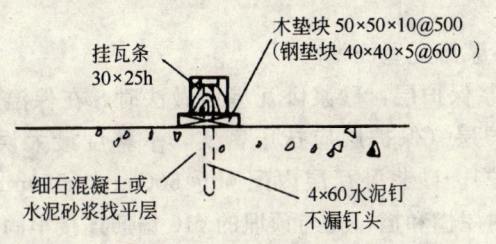

图 8.6.2-3 无顺水条做法

2) 挂瓦条安装

① 先将顺水条用水泥钉按@600mm 固定。木顺水条可选用

30mm×25mm 木枋。钢顺水条可用一 25mm×5mm 扁铁预先钻孔并调直。

② 装挂瓦条：将挂瓦条上棱平齐挂瓦条位置线固定在顺水条上，钢挂瓦条可选用 L30×6 型钢焊在顺水条上，木挂瓦条可选用 30mm×25mm 木枋钉在顺水条上；无顺水条时将挂瓦条直接固定在找平层上，此时挂瓦条下可用钢板垫块 40mm×40mm×5mm@600mm 或木垫块 50mm×50mm×10mm@500mm 做支撑垫块代替。

3）主瓦安装

先预铺瓦即根据屋面情况充分利用瓦片边筋 3mm 调节位置，大屋面可调节成整片瓦，窄屋面需切瓦时可将瓦片调节到瓦片中拱节切割。

正式铺瓦时，从屋檐右下角开始自右向左，自下向上进行，屋檐第一层瓦应与其上两层瓦水平，做法是取三片瓦放置在檐口向上的挂瓦条上，此时檐口瓦会出现低垂现象，在距屋檐 20mm 上重叠固定 2 根挂瓦条，将屋檐第一层瓦撑起，使其与上面各层瓦面保持水平，两边同样做法后拉水平线往上铺设至屋脊，主瓦的固定范围按当地的气候和设计要求确定，当瓦搭接长度或坡度大时，可在瓦上钻孔用铜丝或专用搭扣固定在挂瓦条上。屋檐口挂瓦条外用水泥砂浆封实，以防鸟类筑巢以及风雨腐蚀挂瓦条。

(9) 砂浆卧瓦屋面做法：

1）砂浆保护层：砂浆卧瓦屋面做法时，在保温层上应有一道砂浆保护层（保护层应抹压密实，平整度最大误差±5mm，并及时养护）。砂浆卧瓦层内配 $\phi6@500mm×500mm$ 钢筋网并在屋面板内屋檐和檐口处与预埋的 $\phi10$ 锚筋连接牢固，在需要与瓦材绑扎固定处，钢筋的纵横向间距按瓦的规格确定。

2）施工放线：放屋面轮廓线：先弹屋脊中线，然后从屋檐往上确定屋檐第一层瓦的位置（一般按瓦长减屋檐挑出长度 50mm 计算），弹一条与屋脊中线平行的直线，再在左右山檐

50mm处弹出垂直于屋脊中线的山檐边线，组成屋面轮廓线，轮廓线外是预留的挑檐位置和安装檐口瓦位置，线内再按每片瓦安装模数纵横向弹控制线，控制线根据块瓦的允许调整范围和面积预先排板。

3) 主瓦铺贴：铺瓦前找平层和平瓦应湿润，铺瓦必须与控制线对齐，自右向左，自下向上铺设，屋檐第一层瓦应与其上两层瓦水平，做法是：取三片瓦放置在檐口向上的三层瓦片铺设控制线上，此时檐口瓦会出现低垂现象，应用水泥砂浆起垫固定卧实檐口第一块瓦片，使之与上二层瓦成水平直线，两边同样做法后按控制线拉水平线往上铺设。

4) 主瓦片固定加强措施：在30°以下的坡屋面铺瓦时，只需在瓦片排水沟底部敷砂浆条，使主瓦平稳地挂在砂浆上，瓦爪紧贴屋面即可；当坡度大于30°时或设计要求固定时，可用双股18号铜丝绑扎瓦片固定在钢筋网上并且瓦底砂浆要饱满。

(10) 配件安装：

1) 檐口瓦安装：将30mm×40mm的木枋用钢钉顺山檐边固定，安装从山檐下端第一片檐口瓦封开始，每片檐口瓦需与上排主瓦平齐铺设，铺瓦砂浆要饱满卧实，并用钢钉将檐口瓦与木枋固定牢，一直铺到山檐顶端。安装时应从屋脊拉线到檐口以保证安装好的檐口瓦必须成一条线。

2) 脊瓦安装：斜脊由斜脊封头瓦开始，斜脊瓦自下向上搭接铺至正脊，再用脊瓦铺正屋脊，正屋脊由大封头瓦开始，用锥脊瓦（或圆脊瓦）搭接铺至末端以小封头瓦收口（当用圆脊时两端均用圆脊封头）。所有脊瓦安装必须拉线铺设，铺设时应砂浆饱满，勾缝平顺，随装随抹干净，保持瓦面整洁。

3) 排水沟瓦安装：确定排水沟宽度后在排水沟瓦位置处弹线，用电动圆锯切割瓦片，铺设排水沟瓦。铺设时用砂浆将瓦片底部空隙全部封实抹平，防止鸟类筑巢。

(11) 泛水、檐沟、天沟等细部做法。见第十三章内容。

8.6.3 应注意的质量问题

1) 应注意保证木基层上的油毡不残缺破裂,铺钉牢固,且油毡铺设应与屋檐平齐,自下往上铺。横跨屋脊互相搭接至少100mm,在屋脊处应挑出25mm。

2) 瓦的材质应符合设计及规范要求;挂瓦时应互相扣搭安装块瓦的边筋(左右侧),风雨檐(上下搭接部位)搭接要满足瓦材的产品施工要求。

3) 瓦缝应避开当地暴雨的主导风向。

8.7 质量标准

8.7.1 主控项目

(1) 平瓦及其脊瓦的质量必须符合设计要求,必须有出厂合格证和质量检验报告。

(2) 平瓦必须铺置牢固。大风和地震设防地区以及坡度超过30°的屋面必须用镀锌钢丝或铜丝将瓦与挂瓦条扎牢。

(3) 观察和手扳检查进行检验。

8.7.2 一般项目

(1) 挂瓦条应分档均匀,铺钉平整、牢固;瓦面平整,行列整齐,搭接紧密,檐口平直。

(2) 脊瓦应搭盖正确,间距均匀,封固严密;屋脊和斜脊应顺直,无起伏现象。

(3) 泛水做法应符合设计要求,顺直整齐,结合严密,无渗漏。

8.7.3 允许偏差项目

平瓦屋面的有关尺寸要求和检验方法应符合表8.7.3的规定。

平瓦屋面的有关尺寸要求和检验方法　　　表 8.7.3

项次	项 目	长度（mm）	检验方法
1	脊瓦搭盖坡瓦的宽度	40	用尺量检查
2	瓦伸入天沟、檐沟的长度	50～70	
3	天沟、檐沟的防水层伸入瓦内宽度不小于	150	
4	瓦头挑出檐口的长度	50～70	
5	突出屋面的墙或烟囱的侧面瓦伸入泛水宽度不小于	50	

8.8 成品保护

（1）瓦运输时应轻拿轻放，不得抛扔、碰撞；进入现场后应堆放整齐。

（2）砂浆勾缝应随勾随清洁瓦面。

（3）采用砂浆卧瓦做法时，砂浆强度未达到要求时，不得在上面走动或踩踏。

8.9 安全环保措施

（1）屋面上瓦应两坡同时进行，保持屋面受力均衡，瓦要放稳。屋面无望板时，应铺设通道，不准在桁条、瓦条上行走。

（2）屋面无女儿墙部位临边处应搭设安全防护栏杆或防护脚手架，按要求挂密目网。

8.10 质量记录

（1）技术交底记录中施工操作要求及注意事项。

（2）材料质量文件：水泥出厂合格证及试验报告、平瓦及其脊瓦出厂合格证或质量检验报告。

(3) 中间检查记录：隐蔽工程检查验收记录、施工检验记录、淋水检验记录。

(4) 工程检验记录：抽样质量检验及观察检查记录。

9 金属板材屋面工程施工工艺标准

9.1 总　　则

目前生产金属屋面饰面板的厂家较多，各厂的节点构造及安装方法存在一定差异，本施工工艺侧重于其中一种彩色涂层钢板屋面板咬合锁边，内填保温棉，有内衬板的屋面系统安装做法。

9.1.1 适用范围

本施工工艺标准仅供与此类似的工业与民用建筑工程的金属板材屋面施工安装工程，以及建筑物天沟、采光板、压顶、封檐等配套使用施工工艺参考。

9.1.2 编制参考标准及规范

(1)《屋面工程质量验收规范》　　　　GB 50207—2002
(2)《钢结构工程施工质量验收规范》　GB 50205—2001

9.2 术　　语

(1) 密封条：指一根具有弹性的带状条，沿屋面板起伏铺放，用来密封连接屋面面板生成的空隙。

(2) 定位钉：一种锥形钉，安装时用其对准构件的孔口，并用螺钉或铆钉进行连接。

(3) 屋檐泛水板：一种金属薄片，其主要功能是结构上起防水作用，其次是增加美观。

(4) 衬板：内部屋面板的一种。

(5) 檩撑：檩条到檩条的支撑构件。

(6) 屋脊盖沿：沿屋脊长度方向的屋面过渡材料，也可叫屋脊卷筒或屋脊饰板。

(7) 电动锁边机：一种机械设备，用于胶合、密封立直式屋面板。

(8) 密封胶：为防止渗漏而用密封材料接缝和接头的材料。

(9) 自钻螺钉：有钻孔和螺栓攻作用的紧固件，用于板和板，板和结构件的连接。

(10) 自攻螺钉：在预钻孔上攻螺栓的紧固件，用于板和檩条的连接。

(11) 定位扳手：一种斜柄扳手，安装人员用于对孔并使用螺栓连接。

(12) 直立拼缝：屋面线以上屋面板间侧边进行的竖直连接。

9.3 施工准备

9.3.1 技术准备

(1) 熟悉与会审施工安装图纸，计算工程量，编制施工机具设备需要量计划。

(2) 各种加工半成品技术资料的准备和申请计划。

9.3.2 材料要求

(1) 品种规格

1) 彩色涂层钢板：屋面压型钢板由滚压成型制成，宽度主要有600mm、620mm、650mm、720mm、750mm、900mm等规格；长度依据制造商设计图纸，如现场加工成型最长可达48m，标准长度只受运输的限制。

2) 保温隔热材料：保温隔热层的材料品种、导热系数、厚度、密度等应符合设计要求。常用的保温层有玻璃丝棉；自熄型聚苯乙烯塑料或聚氨酯泡沫塑料。

3）檩条及系杆：檩条及系杆拉结材料是金属板材屋面的支撑系统。

4）紧固件：主要是膨胀螺栓、铆钉、自攻螺钉、垫板、垫圈、螺帽等板材与板材，板材与骨架固定连接的各种设计和安装所需要的连接件。

(2) 质量要求

1）彩色涂层钢板进场后要对外观进行检查。其边缘应整齐、表面光滑、色泽均匀；外形规则，不得有扭翘、脱膜和锈蚀等缺陷。必须有出厂合格证及检测报告。

2）保温隔热材料的品种、导热系数、厚度、密度、出厂质量证明书及检测报告必须与设计要求相符。

3）檩条及系杆：主要材质为C型或Z型冷轧镀锌型钢。型钢厚度、刚度必须符合设计要求。

4）紧固件：膨胀螺栓、铆钉、自攻螺钉、垫板、垫圈、螺帽等板材与板材，板材与骨架固定连接的各种设计和安装所需要的连接件必须是镀锌件，防止锈蚀。

9.3.3 主要机具

手动切机、电动锁边机、电动扳手、定位扳手、电焊机、手提电钻、拉铆枪、专用订书机、裁纸刀、云石锯、钳子、胶锤、钢丝线、紧线器、钢丝绳及吊装设备。

9.3.4 作业条件

(1) 屋面金属彩色钢板安装施工前，技术人员应仔细熟悉生产制造商图纸，并针对施工操作人员对技术措施、质量要求和成品保护进行认真交底。

(2) 压型钢板及各种配件进场后，要仔细核对其详细尺寸、规格、数量与安装图纸是否一致。

(3) 屋面钢结构已安装施工完毕，验收合格。

(4) 用于安装屋面板的脚手架搭设完毕。

9.4 材料和质量要点

9.4.1 材料的关键要求

(1) 金属板材和辅助材料的质量，是确保金属板材屋面质量的关键，金属板材的材质及涂层厚度必须符合设计要求。涂层的完整与否直接影响压型钢板屋面的使用寿命。施工前要对材料外观用肉眼和10倍放大镜进行检查，并对材料出厂质量证明书和相关检测报告进行认真审核。

(2) 泛水板、屋脊盖沿等配件的折弯宽度和折弯角度是保证建筑物外观质量的重要指标，其造型将直接影响建筑物的观感。

9.4.2 技术关键要求

提前做好屋面板材的排版布置图，避免材料的浪费。对细部节点做法及不同部位的紧固件的使用，施工前对操作工人做好技术交底。

9.4.3 质量关键要求

金属彩板屋面安装的紧固、保温、密封是三个关键要素。施工时要针对彩板屋面的关键部位：板材搭接、采光板固定、檐沟安装、屋脊盖沿等安装节点要进行周密的布置，对连接紧固件的数量、间距、连接质量进行重点检查。

9.4.4 职业健康安全关键要求

屋面安装要采取齐全、有效的安全措施，严防高空坠落物体打击事故的发生。

9.4.5 环境关键要求

对施工过程中金属板材及保温棉剩余的边角料的处理要符合国家相关有害废弃物的处理规定。

9.5 施工工艺

9.5.1 工艺流程

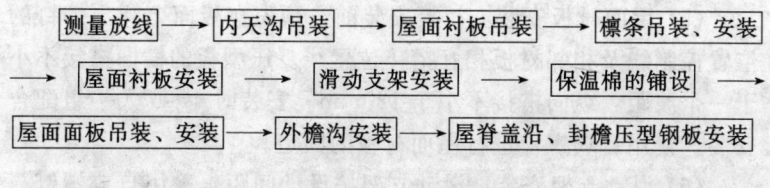

9.5.2 操作工艺

(1) 测量放线：使用紧线器拉钢丝线测放出屋面轴线控制线的数量和位置，依据以上基准线在每个柱间钢梁上弹出用于焊接屋面檩托的控制线。并认真校核主体结构偏差，确认对屋面次钢结构檩条的安装有无影响。

(2) 内天沟安装

1) 天沟安装时，首先铺设保温棉，将保温棉带铝铂一面朝下即朝向屋内，铺设在双檩条间，然后天沟压在其上，正好卡在双檩条间，找正位置用自攻螺钉连接，保温棉连接用订书针，钉住铝铂。天沟板后一块压住前一块，互相搭接，用定位孔定位后，相互搭接处用不锈钢焊条焊接，天沟落水口等装完后，用云石锯在相应位置开泄水口，后将落水斗焊于其上（搭接焊），落水斗下安装落水管。

2) 内天沟分段安装时，搭接要工整，顺直；排水通畅，无积水。天沟纵向坡度不应小于1‰；天沟采用镀锌钢板制作时，应伸入压型钢板的下面，其长度不应小于100mm。

(3) 屋面衬板吊装：确定吊装方法，常采用的吊装方法有：逐件流水吊装、节间综合吊装、扩大节间综合吊装。根据吊装方法安排吊装机械、吊装顺序、机械位置和行驶路线，按柱间、同一坡向内、分次吊装，每次 6～7 块衬板。

(4) 檩条吊装、安装：屋檩安装时，首先按图将所需檩条运至安装位置下方，檩条使用吊装设备按柱间、同一坡向内、分次吊装。每次成捆吊至相应屋面梁上，每捆 8～9 根檩条，水平平移檩条至安装位置，檩托板与另一根檩条采用套插螺栓连接；屋面檩撑安装，施工人员用小捶将探出头砸弯、固定。

(5) 屋面衬板安装：衬板安装前，预先在板面上弹出铆钉的位置控制线及相邻衬板相互搭接位置线。压型板的横向搭接不小于一个波距，纵向搭接不小于 120mm。安装时 4～6 人一组配合安装，使用自攻螺栓进行屋面衬板的固定。

(6) 滑动支架安装：滑动支架按设计间距，采用自攻螺钉与檩条连接，位置必须准确，固定牢固。

(7) 保温棉的铺设：保温棉顺着坡度方向依照排版图铺设，相互间用订书针钉住；保温棉安装时，要填塞饱满，不留空隙。

(8) 屋面面板吊装、安装：

1) 依据屋面面板板型、制作卡模，采用垂直运输设备逐块吊装。

2) 铺设压型钢板屋面时，相邻两块板应顺年最大频率风向搭接，可避免刮风时冷空气灌入室内。

3) 屋面板端部通过板上的与檩条预钻孔相配就位和排列。

4) 所有的板材在建筑长度上的位置和排列需保持 300mm 的模数。

5) 压型板应采用带防水垫圈的镀锌自钻螺钉固定，固定点应设在波峰上。所有外露的自钻螺钉，均应涂抹密封材料保护。

6) 金属板材屋面与立面墙体及突出屋面结构等交接处，均应做泛水处理。两板间应放置通长密封条；螺栓拧紧后，两板的搭接口处应用密封材料封严。

7) 铺设首张板：首先定位第一张板，根据排版图及相应的檩条上的孔位定屋面板位置，第一张板由山墙边靠近天沟处起装，用钢筋销子调整孔位，在靠近板内一排孔上打自攻螺钉，在天沟边上安装橡胶泡棉堵头，上下四周均用密封胶带，堵头用自攻螺钉与天沟及檩条固定。

8) 屋面板与檩条连接：相邻一张板边相应地压在第一张板边上，在每个檩条相应的板材搭接处安装滑动支架，支架与檩条用自攻钉固定之后，支架勾住板边，后一张板压在其上。根据施工季节的不同，板材与滑动支架连接的位置也要相应调整，春秋季节可安放在滑动支架的中间，夏冬季节可安装在滑动支架的任何一侧边缘。

9) 屋面板的搭接：屋面板长度方向的搭接均采用螺栓连接，连接处压密封胶条及打密封胶，防止渗漏，其接缝咬合严密、顺直。

屋面板材连接接头置于檩条正上方，相应两条板材长度方向的搭接缝应错开一个檩条距离且均匀布置。压型板与泛水的搭接宽度不小于200mm；压型钢板屋面的泛水板与突出屋面的墙体搭接高度不应小于300mm。安装应平直。

10) 采光板的安装：采光板与屋面面板间连接，采用螺栓、密封胶条。安装时必须在其下及四周增加堵头，挡住保温棉外露，另外在采光板两侧各加一固定板，用于固定采光板与相邻屋板，用自攻钉固定，采光板与上下两张板的压紧顺序依照屋面坡度方向，其上被压，下边它压下一张屋面板。在采光板上部需设不锈钢分水岭。

采光板与普通板的接头处压边有1~2mm的间隙，必须用密封胶封严。采光板下部的单面胶条不能漏压、挤出。

11) 脊瓦（屋脊盖沿）、封檐压型钢板安装：屋脊盖沿下要塞实保温棉，两侧边屋面板在内侧用橡胶泡棉堵头堵住，保温棉堵头用密封胶带粘住，屋脊盖沿与屋面板连接用支件。

在安装屋檐饰边前，预制橡皮防水块应安装充满整个屋面板皱褶空隙。脊瓦、封檐搭接要严密，顺直。

12) 屋面板锁边：屋面板间侧边的直立拼缝采用锁边机械锁边，操作前，首先用手动咬边机咬半米左右长度，然后把电动锁边机垫平放置于已锁完处，辊轮加紧锁紧处，开动锁边机，让其均匀往前锁边。

(9) 外檐沟安装：

1) 首先安装预制成型的角部密封圈，以便与山墙饰边和排水天沟轮廓相配。

2) 在安装排水天沟之前，用预制成型的橡胶密封圈完全填满屋面板褶皱下的空隙。

3) 在安装排水沟之前，先将预制成型的墙面密封钢条安装在墙面褶皱中。预制成型的墙面密封钢条可由 0.6mm 镀锌钢板制成。

4) 檐沟安装时，压型钢板应伸入檐沟内，其长度不应小于 150mm。

9.6 质量标准

9.6.1 主控项目

(1) 金属板材及保温棉等辅助材料进场后，其规格、品种、质量、颜色、线条必须符合设计要求。

检验方法：检查出厂质量证明书及技术性能检测报告。

(2) 金属彩板安装的连接、保温、密封处理三个关键要素必须符合设计要求，不得有渗漏现象。

检验方法：观察检查和雨后或淋水检验。

(3) 压型金属板安装的主控项目：压型金属板、泛水板和屋脊盖沿等固定可靠、牢固，防腐涂层和密封材料敷设完好，连接件数量、间距应符合设计要求和国家现行钢结构及屋面施工规范有关标准规定。

检查数量：全数检查。

检验方法：观察检查及尺量。

（4）压型金属屋面面板应在支承构件上可靠搭接，搭接长度应符合设计要求，且不应小于表 9.6.1 所规定的数值。

检查数量：按搭接部位总长度抽查 10%，且不应少于 10m。

检验方法：观察和用尺量。

压型金属屋面面板应在支承构件上的搭接长度　　表 9.6.1

项　　目		搭接长度（mm）
相邻两块压型金属板搭接（截面高度≥70）		375
相邻两块压型金属板搭接（截面高度≤70）	屋面坡度<1/10	250
	屋面坡度≥1/10	200
屋面压型板与泛水板的搭接		200
压型钢板屋面的泛水板与突出屋面的墙体搭接高度		300

9.6.2　一 般 项 目

（1）金属板材屋面应安装平整，顺直，固定方法正确，密封完整；板面不应有施工残留物和污物。不应有未经处理的错钻孔洞。排水坡度应符合设计要求。

检查数量：按面积抽查 10%，且不应小于 $10m^2$。

检查方法：观察和尺量检查。

（2）金属板材屋面的檐口线的下端应呈直线，泛水段应顺直、无起伏现象。

检查数量：全数检查。

检验方法：观察检查。

（3）压型金属板屋面安装的允许偏差应符合表 9.6.2 规定。

检查数量：檐口与屋脊的平行度：按长度抽查 10%，且不应少于 10m；其他项目：每 20m 长度应抽查 1 处，不应少于 2 处。

检验方法：用拉线、吊线和钢尺检查。

压型金属板屋面安装的允许偏差　　　　表 9.6.2

项目		允许偏差（mm）
屋面	檐口与屋脊的平行度	12.0
	压型金属板波纹对屋脊的垂直度	L/800，且不应大于 25.0
	檐口相邻两块压型金属板端部错位	6.0
	压型金属板卷边板件最大波浪高	4.0

注：L 为屋面半坡或半坡长度。

9.7 成品保护

（1）金属彩板垂直、水平运输时，所用的卡具、架子车必须捆绑棉丝，安放牢固。严禁拖滑彩色钢板。

（2）在屋面面板上面必须及时清理杂物，避免工具、配件坠地，造成彩板漆膜损坏。

（3）压型钢板的堆放场地应平坦、坚实，且便于排除地面水。堆放时应分层，并且每隔 1～2m 加放垫木。

9.8 安全环保措施

（1）施工人员操作时，必须穿胶鞋，防止滑伤。

（2）施工现场严禁吸烟。

（3）施工现场必须戴安全帽，高空作业必须戴安全带。

（4）合理安排施工工艺流程，避免高低空同时作业。

（5）屋面施工材料必须随时捆绑固定，做好防风工作。

（6）电动工具必须设漏电保护装置。

9.9 质量记录

9.9.1 质量记录

(1) 金属板材的出厂合格证及检测报告。
(2) 保温材料、密封材料的出厂材质证明及产品合格证。
(3) 金属板材紧固件、檩条的材质证明。
(4) 焊条的品牌、型号及合格证。
(5) 隐检记录、质量检验评定记录。

9.9.2 附加说明

(1) 屋面板安装

1) 板与板连接接头处的螺栓拧紧力不能过大,防止螺栓被拧断,使该处成为漏水点。

2) 屋面板材水平、垂直方向的螺钉要保证在一条线上,并且螺钉等距。

3) 在安装了几块屋面板后要用仪器检查屋面板的平面度,以防止屋面凸凹不平,出现波浪。

4) 在采光板与钢架梁发生冲突的部位要将采光板位置移动(此点在设计期间要引起注意)。

(2) 保温棉安装

1) 连接保温棉的双面胶胶带要揭掉,破损的保温棉不能使用。

2) 拉保温棉的张力不可太大,要适度。为了保证保温棉的平整性,施工工人在铺保温棉时不光要在纵向拉,而且同时要在横向拉一拉,以减少褶皱。并且在用钎子将保温棉进行临时固定的时候,为了减少由于拧栓钉的力矩使该点的保温棉旋转从而产生褶皱,可用钎子拨一拨该点的保温棉。

3) 为了保证保温棉的美观,要清除所有粘在其上多余的胶条。

(3) 注意屋顶风机风口处及雨水管处的密封和紧固问题。

(4) 天沟氩弧焊接不可有断点、透点。

10 架空隔热屋面工程施工工艺标准

10.1 总则

10.1.1 适用范围

本工艺标准适用于气候炎热,阳光热量照射较强以及夏季风较大地区的建筑物屋面。但当屋面坡度大于5%及高女儿墙时,不宜采用。

10.1.2 编制参考标准及规范

(1)《屋面工程质量验收规范》　　　　　GB 50207—2002
(2)《建筑工程施工质量验收统一标准》　GB 50300—2001

10.2 术语

10.2.1 术语

架空屋面:在屋面防水层上采用薄型制品架设一定高度的空间,起到隔热作用的屋面。在屋面防水层上采用薄型制品架设一定高度的空间,起到隔热作用的屋面。

10.3 基本规定

(1)架空隔热层的高度应按照屋面高度或坡度大小的变化确定。如设计无要求,一般以100~300mm为宜,见图10.6.1-1

中所示。当屋面宽度大于10m时，应设置通风屋脊。架空隔热层的进风口宜设置在当地炎热季节最大频率风向的正压区，出风口宜设在负压区。

(2) 架空隔热制品支座底面的卷材、涂膜防水层上应采取加强措施，操作时不得损坏已完工的防水层。支座宜采用强度等级为M5的水泥砂浆砌筑。

(3) 架空隔热制品的质量应符合下列要求

1) 非上人屋面的烧结普通砖强度等级不应低于MU7.5；上人屋面的烧结普通砖强度等级不应低于MU10。

2) 混凝土板的强度等级不应低于C20，板内宜加放钢丝网片。

10.4 施工准备

10.4.1 技术准备

(1) 熟悉设计图纸及施工验收规范，掌握架空屋面的具体设计和构造要求。

(2) 编制架空屋面工程分项施工组织设计、作业指导书，其内容应包含：

1) 人员、物资、机具、材料的组织计划。
2) 与其他分项工程的搭接、交叉、配合。
3) 原材料的规格、型号、质量要求、检验方法。
4) 质量目标及质量保证措施。
5) 施工工艺流程及施工工艺中的技术要点。
6) 本分项工程验收标准。
7) 质量检查、验收、评定的组织记录及表格形式。
8) 施工进度计划安排。
9) 成品保护措施。
10) 安全施工保证措施。
11) 文明施工保证措施。

12)资料的整理要求。

(3) 对分项作业人员的技术交底、安全教育。

(4) 原材料、半成品通过定样、检查（试验）、验收。

10.4.2 材料要求

(1) 烧结普通砖及混凝土板见 10.3 中（3）并经试验室试验确定。

(2) 砖墩砌筑砂浆：宜采用强度等级 M5 水泥砂浆；板材坐砌砂浆：宜采用强度等级 M2.5 水泥砂浆；板材填缝砂浆：宜采用 1∶2 水泥砂浆。

10.4.3 主要机具

架空屋面施工主要为砌筑工作，其主要机具为垂直运输机具和作业面水平运输机具（常用手推车）以及泥工工具。

10.4.4 作业条件

架空屋面施工前应具备的基本条件：

(1) 上道工序防水保护层或防水层已经完工，并通过验收。

(2) 屋顶设备、管道、水箱等已经安装到位。

(3) 屋面余料、杂物清理干净。

10.5 材料和质量要求

10.5.1 材料的关键要求

(1) 强度要满足设计、规范要求。

(2) 板材规格、材质外形尺寸准确，表面平整，符合验收要求。

10.5.2 技术关键要求

(1) 分格均匀、合理。

(2) 满足砌筑施工的各项要求。
(3) 风道设置合理。

10.5.3 质量关键要求

(1) 隔热板坐砌（铺设）平稳、表面平整。
(2) 风道规整、通风流畅。

10.5.4 职业健康安全关键要求

(1) 职业健康方面主要是防止粉尘危害，保证人员健康。
(2) 加强垂直运输、高空和临边作业安全的控制。

10.5.5 环境关键要求

(1) 清扫及砂浆拌合过程要避免灰尘飞扬。
(2) 施工中生成的建筑垃圾要及时清理。

10.6 施 工 工 艺

10.6.1 架空屋面的构造

常见的架空隔热屋面构造见图 10.6.1-1～图 10.6.1-5。

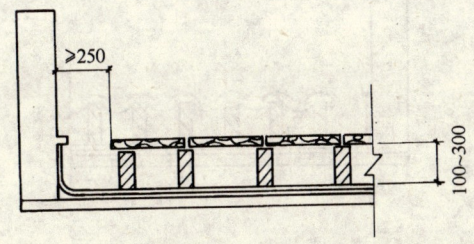

图 10.6.1-1 预制细石混凝土板架空隔热层构造

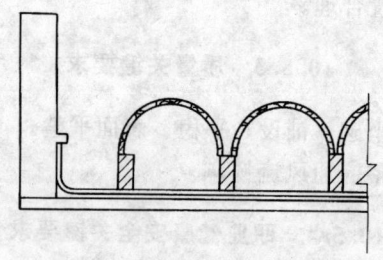

图 10.6.1-2 预制细石混凝土半圆弧架
空隔热层构造

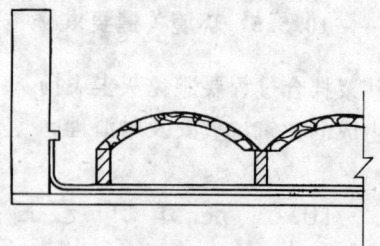

图 10.6.1-3 预制细石混凝土大瓦架
空隔热层构造

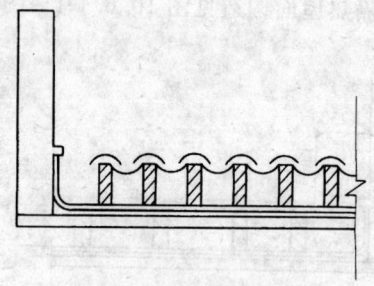

图 10.6.1-4 小青瓦架
空隔热层构造

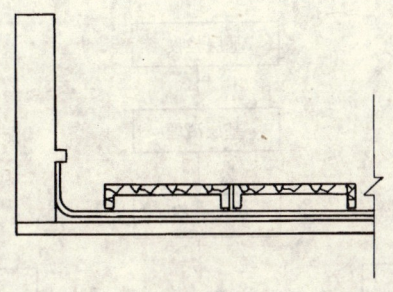

图 10.6.1-5 细石混凝土板凳或珍珠岩板、
陶粒混凝土直铺架空隔热层构造

10.6.2 工艺流程(见图 10.6.2)

10.6.3 操作工艺

(1) 架空屋面施工前,要保证上道分项工程(即:防水层或防水保护层)达到质量要求并经验收通过。

(2) 对屋面余料、杂物进行清理;并清扫表面灰尘。

(3) 根据设计和规范要求,进行弹线分格,做好隔热板的平面布置。分格时要注意:

1) 进风口宜设于炎热季节最大频率风向的正压区,出风口宜设在负压区。

2) 当屋面宽度大于 10m 应设通风屋脊。

3) 隔热板应按设计要求设置分格缝,若设计无要求可依照防水保护层的分格或以不大于 12m 为原则进行分格。

(4) 如基层为软质基层(如:涂膜、卷材等)须对砖墩或板脚处进行防水加强处理,一般用与防水层相同的材料加做一层:

1) 砖墩处以突出砖墩周边 150~200mm 为宜。

2) 板脚处以不小于 150mm×150mm 的方形为宜。

(5) 砌筑砖墩;除满足砌体施工规范要求外,尚须:

1) 灰缝应尽量饱满,平滑。

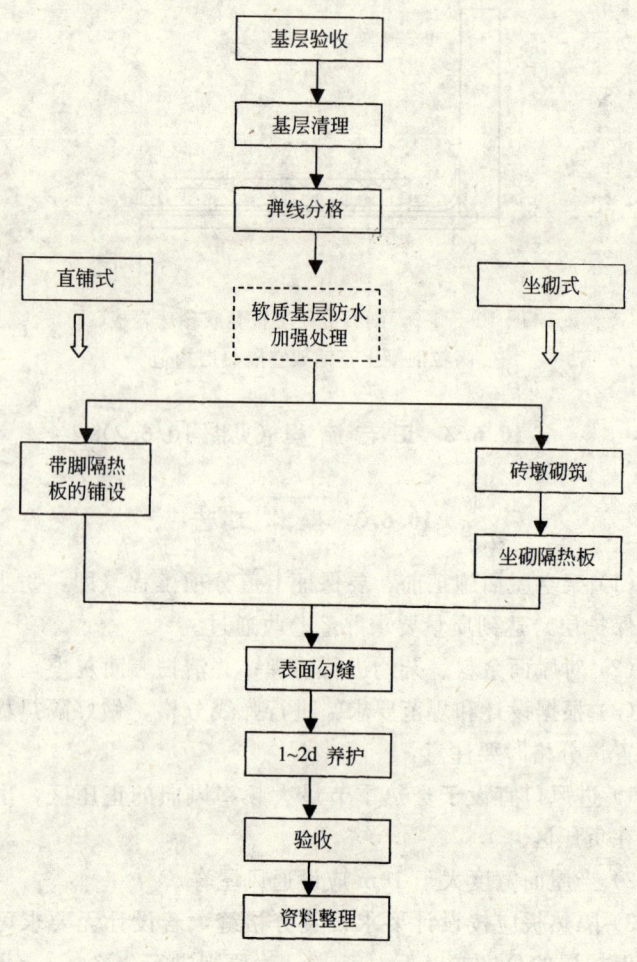

图 10.6.2 工艺流程图

2) 落地灰及砖碴及时清理。

(6) 坐砌隔热板

1) 坐浆须饱满。

2) 横向拉线,纵向用靠尺控制好板缝的顺直、板面的坡度和平整。

3）坐砌隔热板时，须随砌随清理所生成的灰、碴。

4）做好成品保护。

(7) 养护：隔热板坐砌完毕，须进行1~2d的养护，待砂浆强度达到上人要求，进行表面勾缝。

(8) 表面勾缝

1）板缝在养护期间应有意识的润湿、阴干。

2）勾缝水泥砂浆要调好稠度，随勾随拌。

3）较深的缝须用铁抹子插捣，余灰随勾随清扫干净。

4）勾缝砂浆表面应反复压光，做到平滑顺直。

5）直径较大的半圆弧形隔热板的纵向缝宜用C20细石混凝土填缝，表面压光。

（注：个别设计为了大面的美观，勾缝后在隔热板表面再做一层水泥砂浆面层，施工中可按照屋面水泥砂浆面层规范进行。）

(9) 勾缝养护：勾缝施工完毕后，宜养护1~2d，然后准备分项验收。

(10) 验收：架空隔热层作为一个分项工程，经过自检、质量评定后可报现场业主、监理组织验收。

(11) 资料整理：验收通过后，须将此分项工程的工程资料按保证资料和评定资料两大类别进行分类、整理，做好保管。

10.7 质量标准

10.7.1 主控项目

架空隔热制品的质量必须符合设计要求，严禁有断裂和漏筋等缺陷。

检验方法：观察检查和检查构件合格证或试验报告。

10.7.2 一般项目

(1) 架空隔热制品的铺设应平整、稳固，缝隙勾填应密实；

架空隔热制品距山墙或女儿墙不得小于250mm，见图10.6.1-1中所示，架空层中不得堵塞，架空高度及变形缝做法应符合设计要求。

检验方法：观察和尺量检查。

（2）相邻两块制品的高低差不得大于3mm。

检验方法：用直尺和楔形塞尺检查。

10.8 成品保护

（1）原材料在运输、搬运中要注意避免损伤；堆放板材要竖向堆放。

（2）对无硬质保护层的防水层须着重保护，确保无破损。

（3）砖墩砌完清理落地灰及砖碴时，要避免碰撞。

（4）隔热板坐砌完毕，在养护期间，严禁上人踩踏或堆重。

（5）隔热板坐砌完毕，不应再在其上进行有破坏可能的其他施工。

10.9 安全环保措施

（1）屋面材料垂直运输或吊运中应严格遵守相应的安全操作规程。

（2）无高女儿墙的屋面，须着重强调临边安全，防止高空坠落，施工中由临边向内施工，严禁由内向外施工。

（3）屋面作业人员严禁高空抛物。

（4）高温天气施工，须做好防暑降温措施。

（5）职业健康方面要防止粉尘危害。

（6）清扫及砂浆拌合过程要避免灰尘飞扬。

（7）施工中生成的建筑垃圾要及时清理、清运。

10.10 质量记录

(1) 材料的出厂质量证明文件及复试报告。
(2) 架空屋面工程施工方案和技术交底记录。
(3) 施工检验记录、隐蔽工程验收记录。

11 蓄水屋面工程施工工艺标准

11.1 总　　则

11.1.1 适用范围

本工艺标准一般适用于南方气候炎热地区屋面防水等级为Ⅲ级的工业与民用建筑的蓄水屋面。

11.1.2 编制参考标准及规范

(1)《屋面工程质量验收规范》　　　　GB 50207—2002
(2)《建筑工程施工质量验收统一标准》　GB 50300—2001

11.2 术　　语

(1) 蓄水屋面：在屋面防水层上蓄一定高度的水，起到隔热作用的屋面。
(2) 分格缝：在屋面找平层、刚性防水层、刚性保护层上预先留设的缝。刚性保护层仅在表面上做成V形槽。
(3) 分隔墙：将蓄水屋面分隔成多个蓄水区而设立的隔墙。

11.3 基本规定

(1) 蓄水屋面工程应根据工程特点、地区自然条件等，按照屋面防水等级的设防要求，进行防水构造设计，重要部位应有详图。

当屋面防水等级为Ⅰ级、Ⅱ级时不宜采用蓄水屋面。

（2）蓄水屋面施工前，施工单位应进行图纸会审，并应编制蓄水屋面工程施工方案或技术措施。

（3）防水层应由经资质审查合格的防水专业队伍施工，作业人员应持有当地建设行政主管部门颁发的上岗证。

（4）蓄水屋面的防水层应为柔性防水层上加做细石混凝土防水层，见图11.3。

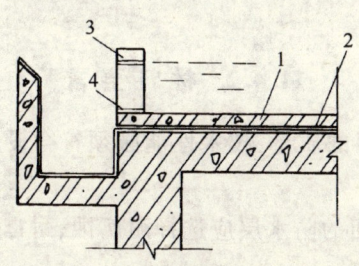

图 11.3 蓄水层面构造
1—细石混凝土；2—柔性防水层 3—溢水管；
4—泄水管

（5）蓄水屋面的泛水或隔墙均应高出蓄水层表面100mm，并在蓄水层表面处留置溢水口；过水孔应设在分仓墙底部，排水管应与水落管连通；分仓缝内应嵌填沥青麻丝，上部用卷材封盖，然后加扣混凝土盖板。

（6）蓄水屋面不宜在寒冷地区、地震设防地区和震动较大的建筑物上使用，蓄水屋面坡度不宜大于0.5%，并应划分若干蓄水区，每区边长不宜大于10m，变形缝两侧，应分成互不相连通的两个蓄水区；长度超过40m的蓄水区屋面，应做横向伸缩缝一道，蓄水分区的隔墙可为混凝土，亦可为砖砌体，并可兼做人行通道，池壁应高出溢水口至少120mm。

（7）蓄水屋面的蓄水深度宜为150～200mm。

（8）蓄水屋面的每块盖板应留20～30mm间隙，以利下雨时蓄水。

11.4 施工准备

11.4.1 技术准备

施工前审核图纸,编制蓄水屋面施工方案,并进行技术交底。屋面防水工程必须选择通过资格审查的专业防水施工队伍,且持证上岗。

11.4.2 材料要求

(1) 所用材料的质量、技术性能必须符合设计要求和施工验收规范的规定。

(2) 蓄水屋面的防水层应选择耐腐蚀、耐霉烂、耐水性、耐穿刺性能好的材料。

(3) 蓄水屋面选用刚性细石混凝土防水层时,其技术要求如下:

1) 细石混凝土强度等级不低于C20。
2) 水泥:应选用不低于42.5号的普通水泥。
3) 砂:中砂或粗砂,含泥量不大于2%。
4) 石子:粒径宜为5~15mm,含泥量不大于1%。
5) 水灰比宜为0.5~0.55。

(4) 其他材料:水管、外加剂、柔性防水材料等。

11.4.3 主要机具

主要机具见表11.4.3,其数量根据工程量大小相应增减。

主要机具 表11.4.3

序号	名称	型号	数量	单位	备注
1	混凝土搅拌机	JZC350	1	台	混凝土搅拌
2	平板振动器	ZF15	2	台	混凝土振动

续表

序号	名称	型号	数量	单位	备注
3	运输小车		3	辆	混凝土运输
4	铁管子		3	根	混凝土抹平压实
5	铁抹子		4	个	混凝土抹平压实
6	木抹子		4	个	混凝土抹平压实
7	直尺		1	把	尺寸检查
8	坡度尺		1	把	坡度检查
9	锤子		3	把	
10	剪刀		4	把	铺卷材用
11	卷扬机		1	台	垂直运输
12	硬方木				
13	圆钢管				

11.4.4 作业条件

(1) 蓄水屋面的结构层施工完毕,其混凝土的强度、密实性均符合现行规范的规定。

(2) 所有设计孔洞已预留,所设置的给水管、排水管和溢水管等在防水层施工前安装完毕。

11.5 材料和质量要点

11.5.1 材料的关键要求

防水层的细石混凝土和砂浆中,粗骨料的最大粒径不宜大于15mm,含泥量不应大于1%;细骨料应采用中砂或粗砂,含泥量不应大于2‰；拌合用水应采用不含有害物质的洁净水。

11.5.2 技术关键要求

屋面的所有孔洞应先预留，不得后凿。所设置的给水管、排水管、溢水管等应在防水层施工前安装好，不得在防水层施工后再在其上凿孔打洞；每个蓄水区的防水混凝土必须一次浇筑完毕，不得留置施工缝，立面与平面的防水层必须同时进行。防水混凝土必须机械搅拌，机械振捣，随捣随抹，抹压时不得洒水、撒干水泥或水泥浆，混凝土收水后应进行二次压光及养护，不得再使其干燥。养护时间不得少于14d。

11.5.3 质量关键要求

屋面排水系统畅通，屋面不得有渗漏现象，严禁蓄水层面干涸。

11.5.4 职业健康安全关键要求

屋面施工时四周应设防护设施，施工人员要穿戴防护用具，高空作业、屋檐作业要系好安全带。

11.5.5 环境关键要求

防水层施工气温宜为5~35℃，并应避免在负温度或烈日暴晒下施工。

11.6 施 工 工 艺

11.6.1 工 艺 流 程

结构层、隔墙施工 → 板缝及节点密封处理 → 水管安装 →
管口密封处理 → 基层清理 → 防水层施工 → 蓄水养护

11.6.2 操作工艺

(1) 结构层的质量应高标准、严要求,混凝土的强度、密实性均应符合现行规范的规定。隔墙位置应符合设计和规范要求。

(2) 屋面结构层为装配式钢筋混凝土面板时,其板缝应以强度等级不小于C20细石混凝土嵌填,细石混凝土中宜掺膨胀剂。接缝必须以优质密封材料嵌封严密,经充水试验无渗漏,然后再在其上施工找平层和防水层。

(3) 屋面的所有孔洞应先预留,不得后凿。所设置的给水管、排水管、溢水管等应在防水层施工前安装好,不得在防水层施工后再在其上凿孔打洞。防水层完工后,再将排水管与水落管连接,然后加防水处理。

(4) 基层处理:防水层施工前,必须将基层表面的突起物铲除,并把尘土杂物清扫干净,基层必须干燥。

(5) 防水层施工

1) 蓄水屋面采用刚性防水时,其施工方法详见刚性防水屋面施工工艺标准。

2) 蓄水屋面采用刚柔复合防水时,应先施工柔性防水层,再做隔离层,然后再浇筑细石混凝土刚性保护层。其柔性防水施工作业方法详见沥青卷材屋面施工工艺标准、高聚物改性沥青卷材屋面施工工艺标准、合成高分子防水卷材屋面工程施工工艺标准、涂膜防水屋面工程施工工艺标准。

3) 浇筑防水混凝土时,每个蓄水区必须一次浇筑完毕,严禁留置施工缝,其立面与平面的防水层必须同时进行。

4) 防水细石混凝土宜掺加膨胀剂、减水剂等外加剂,以减少混凝土的收缩。

5) 应根据屋面具体情况,对蓄水屋面的全部节点采取刚柔并举,多道设防的措施做好密封防水施工。

6) 分仓缝填嵌密封材料后,上面应做砂浆保护层埋置保护。

(6) 蓄水养护

1）防水层完工以及节点处理后，应进行试水，确认合格后，方可开始蓄水，蓄水后不得断水再使之干涸。

2）蓄水屋面应安装自动补水装置，屋面蓄水后，应保持蓄水层的设计厚度，严禁蓄水流失、蒸发后导致屋面干涸。

3）工程竣工验收后，使用单位应安排专人负责蓄水屋面管理，定期检查并清扫杂物，保持屋面排水系统畅通，严防干涸。

11.7 质量标准

11.7.1 主控项目

（1）原材料、外加剂、混凝土防水性能和强度以及卷材防水性能，必须符合施工规范的规定。

检验方法：检查产品的出厂合格证、混凝土配合比和试验报告。

（2）蓄水屋面防水层施工必须符合设计和规范要求，不得有渗漏现象。

检验方法：蓄水至规定高度，24h观察检查。

（3）蓄水屋面上设置的溢水口、过水孔、排水管、溢水管，其大小、位置、标高的留设必须符合设计要求。

检验方法：尺量和外观检查。

11.7.2 一般项目

（1）蓄水屋面的坡度必须符合设计要求。

检验方法：用坡度尺检查。

（2）防水层内的钢筋品种、规格、位置以及保护层厚度必须符合设计要求和施工规范规定。

检验方法：观察检查和检查钢筋隐蔽验收记录。

（3）细石混凝土防水层的外观质量应符合设计及施工规范要求，厚度一致，表面平整，压实抹光，无裂缝、起壳、起砂等缺陷。

检验方法：观察检查。

11.8 成品保护

(1) 在柔性防水层上做隔离层和刚性保护层或施工其他设施时,必须严防施工机具或材料损坏防水层,以免留下渗漏的隐患。

(2) 对已安装好的各种管道,应先用麻布将其端口封堵,以免后续施工时杂物落入管道而堵塞水管。完工后将麻布等清除,保证管道通畅。

(3) 蓄水屋面工程竣工后,应由使用单位指派专人负责屋面管理。严禁在屋面防水层上凿孔打洞,避免重物冲击,不得任意在屋面防水层上堆放杂物及增设构筑物,并应确保屋面排水系统畅通。要经常检查屋面防水节点的变形情况,同时应定期清理杂物,严防干涸。发现问题及时维修,并做好维修保养记录。

11.9 安全环保措施

(1) 施工现场,特别是作业面周围,不得存放易燃易爆物品,要准备好灭火器和有关消防用具,施工现场严禁烟火。

(2) 对存放材料的仓库,必须通风良好。

(3) 采用热熔法铺贴卷材,点燃焰炬时,开关不要过大,喷火口要朝向下风向。

(4) 屋面施工时,四周应搭设好安全防护网;施工人员要穿戴防护用具,高空作业,要系好安全带。

(5) 清扫垃圾及砂浆拌合物过程中要避免灰尘飞扬;对建筑垃圾,特别是有毒有害物质,应按时定期地清理到指定地点,不得随意堆放。

11.10 质量记录

(1) 蓄水屋面工程施工方案和技术交底记录。

(2) 材料的出厂质量证明文件及复试报告。
(3) 防水混凝土试块抗渗试验结果评定。
(4) 施工检验记录、蓄水检验记录、隐蔽工程验收记录、验评报告。

12 种植屋面施工工艺标准

12.1 总 则

12.1.1 适用范围

本工艺标准以国家现行的建筑设计、质量验收规范和中南地区通用标准图集为依据,根据南方地区的技术条件、特点等要求进行编写。适用于屋面防水等级为Ⅲ级防水屋面。

12.1.2 编制参考标准及规范

(1)《屋面工程质量验收规范》　　　　　GB 50207—2002
(2)《建筑工程施工质量验收统一标准》　GB 50300—2001

12.2 术 语

(1) 种植屋面:是在屋面防水层或保护层上覆以种植介质,并种植植物的屋面。

(2) 分格缝:屋面找平层、刚性防水层、刚性保护层上预先留设的缝。

12.3 基本规定

(1) 种植屋面应严格按照设计的要求进行施工,种植屋面的防水层要采用耐腐蚀、耐霉烂、耐穿刺性能好的、使用年限较长的材料,以防止防水层被植物根系或腐蚀性肥料所损坏。

(2)种植屋面的防水层要进行蓄水试验,经检验合格后方可进行下道工序。

(3)种植屋面宜为1%～3%的坡度,种植区四周应设挡墙,挡墙下部必须设泄水孔,以便多余水的排除。

(4)种植屋面应有专人管理,定期检查,清理泄水孔和粗细骨料,清除枯草藤蔓,翻松种植土,并及时洒水。

12.4 施工准备

12.4.1 技术准备

(1)已办理好相关的隐蔽工程验收记录。

(2)根据设计施工图和标准图集,做好人行通道、挡墙、种植区的测量放线工作。

(3)施工前根据设计施工图和标准图集的要求,对相关的作业班组进行技术、安全交底。

12.4.2 材料准备

(1)品种规格:防水层材料;种植介质:主要有种植土、锯木屑、膨胀蛭石;水泥:32.5级以上的普通硅酸盐或矿渣硅酸盐水泥;中砂;1～3cm卵石;烧结普通砖;密目钢丝网片。

(2)质量要求:种植屋面的防水层要采用耐腐蚀、耐霉烂、耐穿刺性能好的材料。种植介质要符合设计要求,满足屋面种植的需要。水泥要有出厂合格证并经现场取样试验合格。砂、卵石、烧结普通砖要符合有关规范的要求。钢丝网片要满足泄水孔处拦截过水的砂卵石的需要。

12.4.3 主要机具

主要机具名称、数量、规格见表12.4.3。

主 要 机 具　　　　　表12.4.3

序号	名称	数量	单位	规格型号	备注
1	搅拌机	1	台	250L	
2	砂浆搅拌机	1	台	50L	
3	手提圆盘锯	1	台		预制走道板时用
4	卷扬机	1	台		用于垂直运输
5	配电箱	1	个		施工用电
6	水平仪	1	台	S3	
7	钢卷尺	2	把	5m	
8	台秤	2	台	500kg	混凝土砂石计量
9	混凝土试模	1	组	150×150×150	
10	坍落度筒	1	个	30cm	
11	天平	1	台	1000g	测砂石含水率
12	塔尺	1	根	5m	

12.4.4 作业条件

（1）屋面的防水层及保护层已施工完毕。

（2）屋面的防水层的蓄水实验已完成，并经检验合格。

（3）施工所需的砂、卵石、烧结普通砖、水泥、种植介质已按要求的规格、质量、数量准备就绪。

12.5 材料和质量要点

12.5.1 材料的关键要求

（1）种植屋面的防水层要采用耐腐蚀、耐霉烂、耐穿刺性能好的材料，以防止防水层被植物根系或腐蚀性肥料所损坏。

（2）种植介质的厚度、重量应符合设计要求。

12.5.2 技术关键要求

(1) 种植屋面坡度宜控制在3%以内,以便多余水的排除。
(2) 必须确保泄水孔不堵塞,以免造成屋面积水。

12.5.3 质量关键要求

种植屋面的防水层施工必须符合设计要求,并应进行蓄水实验合格。

12.5.4 职业健康安全关键要求

屋面高空作业的安全防护。

12.5.5 环境关键要求

禁止使用污染环境的种植肥料。

12.6 施 工 工 艺

12.6.1 工艺流程

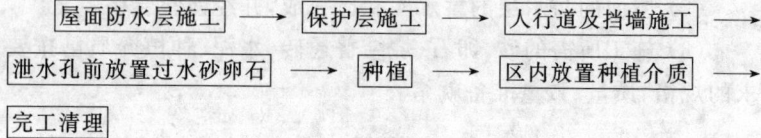

12.6.2 操作工艺

(1) 屋面防水层施工:根据设计图要求进行施工,具体见相关的施工工艺标准。
(2) 保护层施工:当种植屋面采用柔性防水材料时,必须在其表面设置细石混凝土保护层,以抵抗植物根系的穿刺和种植工具对它的损坏。细石混凝土保护层的具体施工如下:

1) 防水层表面清理：把屋面防水层上的垃圾、杂物及灰尘清理干净。

2) 分格缝留置：按设计或不大于6m或"一间一分格"进行分格，用上口宽为30mm，下口宽为20mm的木板或泡沫板作为分格板。

钢筋网铺设：按设计要求配置钢筋网片。

3) 细石混凝土施工：按设计配合比拌合好细石混凝土，按先远后近，先高后低的原则逐格进行施工。

按分格板高度，摊开抹平，用平板振动器十字交叉来回振实，直至混凝土表面泛浆后再用木抹子将表面抹平压实，待混凝土初凝以前，再进行第二次压浆抹光。

铺设、振动、振压混凝土时必须严格保证钢筋间距及位置准确。

混凝土初凝后，及时取出分格缝隔板，用铁抹子二次抹光；并及时修补分格缝缺损部分，做到平直整齐，待混凝土终凝前进行第三次压光。

混凝土终凝后，必须立即进行养护，可蓄水养护或用稻草、麦草、锯末、草袋等覆盖后浇水养护不少于14d，也可涂刷混凝土养护剂。

4) 分格缝嵌油膏：分格缝嵌油膏应于混凝土浇水养护完毕后用水冲洗干净且达到干燥（含水率不大于6%）时进行，所有纵横分格缝相互贯通，清理干净，缺边损角要补好，用刷缝机或钢丝刷刷干净，用吹尘机具吹干净。灌嵌油膏部分的混凝土表面均匀涂刷冷底子油，并于当天灌嵌好油膏。

(3) 人行通道及挡墙施工：人行通道及挡墙设计一般有两种情况：

1) 按中南地区通用标准图集《平屋面》（98ZJ201）的要求做，如图12.6.2-1。

砖砌挡墙，挡墙墙身高度要比种植介质面高100mm。距挡墙底部高100mm处按设计或标准图集留设泄水孔。

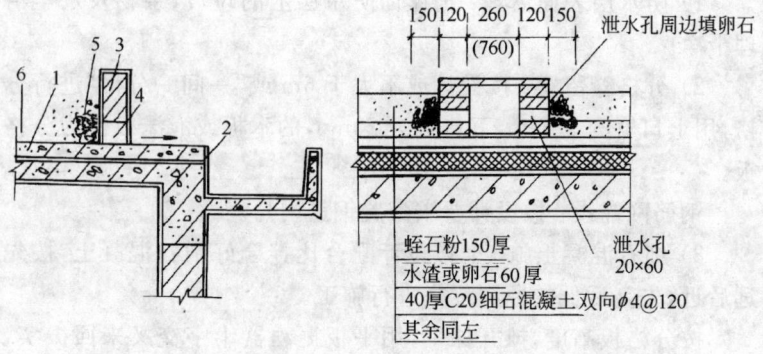

图 12.6.2-1 砖砌挡墙构造
1—保护层；2—防水层；3—砖砌挡墙；
4—泄水孔；5—卵石；6—种植介质

2) 采用预制槽型板作为分区挡墙和走道板，如图 12.6.2-2。

（4）泄水孔前放置过水砂卵石：在每个泄水孔处先设置钢丝网片，泄水孔的四周堆放过水的砂卵石，砂卵石应完全覆盖泄水孔，以免种植介质流失或堵塞泄水孔。

（5）种植区内放置种植介质：根据设计要求的厚度，

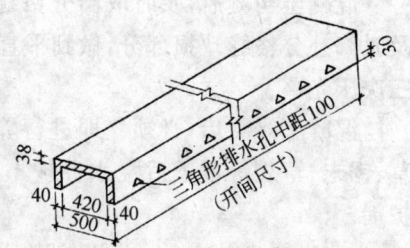

图 12.6.2-2 预制槽型板构造

放置种植介质。施工时介质材料、植物等应均匀堆放，不得损坏防水层。种植介质表面要求平整且低于四周挡墙 100mm。

（6）工完场清。

12.7 质量标准

12.7.1 主控项目

（1）种植屋面的防水层施工必须符合设计要求，不得有渗漏现象。并应进行蓄水实验,经检验合格后方能覆盖种植介质。

检验方法:蓄水至规定高度,24h后观察检查。

(2)种植屋面挡墙泄水孔的留置必须符合设计要求,并不得堵塞。

检验方法:观察和尺量检查。

12.7.2 一般项目

(1)种植介质表面平整且比挡墙墙身应低100mm。

(2)严格按设计的要求控制种植介质的厚度,不能超厚。

12.8 成品保护

(1)种植屋面采用卷材防水层时,上部应设置细石混凝土保护层。

(2)屋面保护层施工时应避免损坏防水层。

(3)种植覆盖层施工时应避免损坏防水层和保护层。

12.9 安全环保措施

(1)如果屋面没有女儿墙,外脚手架应高出屋面1m,并用安全网围护好。

(2)在屋面上施工作业时,严禁从屋面上扔物体下去,以防伤及地上的作业人员。

(3)屋面没有女儿墙,在屋面上施工作业时作业人员应面对檐口,由檐口往里施工,以防不慎坠落。

12.10 质量记录

(1)屋面的防水材料、砂、石、水泥、烧结普通砖等材料的合格证、取样试验报告。

(2) 屋面防水层施工质量验收记录。
(3) 屋面防水层蓄水试验记录。
(4) 屋面保护层混凝土施工记录和质量验收记录。
(5) 屋面各项施工的技术交底、安全交底记录。

13 细部构造施工工艺标准

13.1 总 则

13.1.1 适用范围及要求

本章适且于卷材防水屋面、涂膜防水屋面、刚性防水屋面、瓦屋面、隔热屋面的天沟、檐沟、檐口、泛水、水落口、分格缝、变形缝、排汽管道、伸出屋面管道等防水构造。防水节点应根据建筑结构特点、环境状况，考虑屋面因材料、结构、温差、干缩和振动等因素产生的变形，采用节点密封、防排结合、刚柔互补、多道设防的做法满足基层变形的需要，确保节点设防的可靠性。

13.1.2 编制参考标准及规范

(1)《屋面工程质量验收规范》　　　　　GB 50207—2002
(2)《建筑工程施工质量验收统一标准》　GB 50300—2001

13.2 术 语

(1) 满贴法：铺贴防水卷材时，卷材与基层采用全部粘结的施工方法。
(2) 空铺法：铺贴防水卷材时，卷材与基层的周边一定宽度内粘结，其余部分不粘结的施工方法。
(3) 点粘法：铺贴防水卷材时，卷材或打孔卷材与基层采用点状粘结的施工方法。

13.3 基本规定

（1）屋面的天沟、檐口、檐沟、泛水、水落口、变形缝、伸出屋面管道等部位均应进行防水增强处理。

（2）用于细部构造的防水材料，虽然品种多、用量少，但其作用非常大，应按照有关材料标准进行检查验收。

13.4 施工准备

13.4.1 技术准备

做好不同细部构造施工技术措施。

13.4.2 材料要求

（1）用于细部构造处理的防水卷材、防水涂料和密封材料的质量，均应符合设计及《屋面工程质量验收规范》（GB 50207—2002）有关规定的要求。

（2）材料进场后，应按《屋面工程质量验收规范》（GB 50207—2002）附录A、附录B的规定抽样复验，并提出试验报告；不合格的材料，不得在屋面工程中使用。

（3）进场的防水材料必须存放在通风、干燥处，溶剂型材料存放和施工必须有防火设施。

13.5 材料和质量要点

13.5.1 材料的关键要求

所用一切材料必须有出厂合格证、出厂材质检验报告和现场抽检复验报告，严禁使用不合格材料。

13.5.2 技术关键要求

不同部位的细部构造要求均应满足设计要求。

13.5.3 质量关键要求

严格按不同部位细部构造要求做好增强附加层，以及密封收头工序。

13.5.4 职业健康安全关键要求

具体内容同第3～12章有关内容。

13.5.5 环境关键要求

具体内容同第3～12章有关内容。

13.6 细部构造做法

屋面防水细部构造做法应由设计单位完成，但当无设计或设计资料不全时，可按下列要求施工。

13.6.1 卷材防水屋面细部构造做法

(1) 檐口、天沟、檐沟防水构造应符合下列规定

1) 天沟、檐沟应增铺附加层。当采用沥青防水卷材时应增铺一层卷材；当采用高聚物改性沥青防水卷材或合成高分子防水卷材时宜采用防水涂膜增强层。

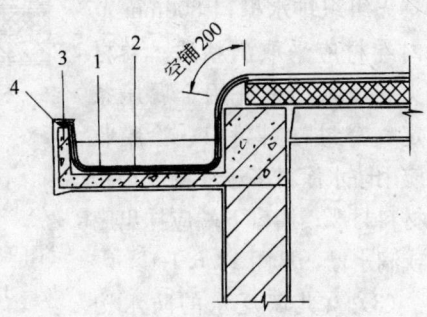

图 13.6.1-1 檐沟
1—防水层；2—附加层；3—水泥钉；
4—密封材料

2)天沟、檐沟与屋面交接处的附加层宜空铺,空铺宽度应为200mm,见图13.6.1-1。

3)卷材防水层应由沟底翻上至沟外檐顶部,天沟、檐沟卷材收头应用水泥钉固定,并用密封材料封严(见图13.6.1-2)。

4)在天沟、檐沟与细石混凝土防水层的交接处,应留凹槽并用密封材料嵌填严密。

5)高低跨内排水天沟与立墙交接处应采取适应变形的密封处理(见图13.6.1-3)。

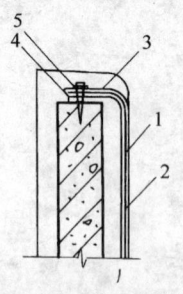
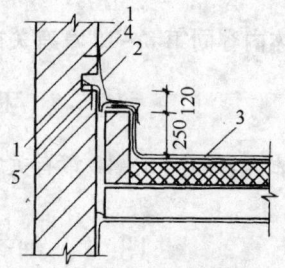

图13.6.1-2 檐沟卷材收头
1—防水层;2—附加层;3—水泥钉;4—密封材料;5—钢压条

图13.6.1-3 高低跨变形缝
1—密封材料;2—金属或合成高分子防水卷材盖板;3—防水层;4—金属压条水泥钉固定;5—水泥钉

(2)檐口的防水构造做法:无组织排水檐口800mm范围内卷材应采取满粘法;卷材收头应压入凹槽并用金属压条固定,密封材料封口;涂膜收头应用防水涂料多遍涂刷或用密封材料封严;檐口下端应抹出鹰嘴或滴水槽,见图13.6.1-4。

(3)女儿墙泛水的防水构造做法

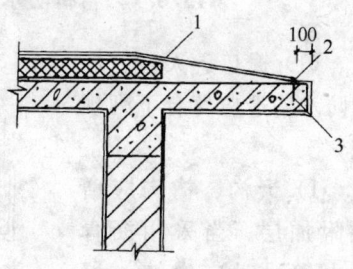

图13.6.1-4 无组织排水檐口
1—防水层;2—密封材料;3—水泥钉

1)铺贴泛水处的卷材应采取满粘法。泛水收头应根据泛水高度和泛水墙体材料确定收头密封形式；砖墙上的卷材收头可直接铺压在女儿墙压顶下，压顶应做防水处理（图13.6.1-5）；也可压入砖墙凹槽内固定密封，凹槽距屋面找平层最低高度不应小于250mm，凹槽上部的墙体应做防水处理（图13.6.1-6）；混凝土墙上的卷材收头应采用金属压条钉压，并用密封材料封严（图13.6.1-7）。

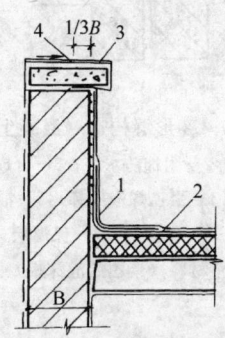

图13.6.1-5 卷材泛水收头
1—附加层；2—防水层；3—压顶；
4—防水处理

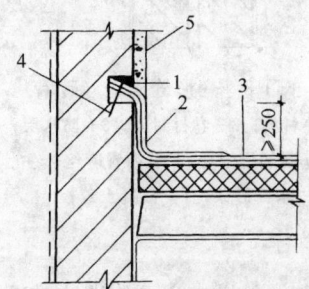

图13.6.1-6 砖墙卷材泛水收头
1—密封材料；2—附加层；3—防水层；
4—水泥钉；5—防水处理

2）泛水宜采取隔热防晒措施，可在泛水卷材面砌砖后抹水泥砂浆或浇细石混凝土保护；亦可采用涂刷浅色涂料或粘贴铝箔保护层。

（4）变形缝的防水构造做法

1）变形缝的泛水高度不应小于250mm，防水层应铺贴到变形缝两侧砌体的上部。

2）变形缝内宜填充聚苯乙烯泡沫塑料或沥青麻丝，上部填放衬垫材料，并应用卷材封盖，顶部应加扣混凝土盖板或金属盖板，混凝土盖板的接缝应用密封材料嵌填，见图13.6.1-8～12。

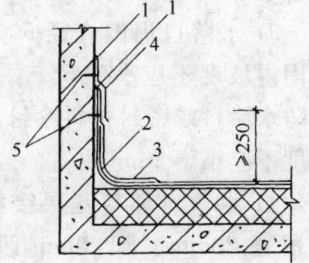

图13.6.1-7 混凝土墙
卷材泛水收头
1—密封材料；2—附加层；
3—防水层；4—金属、合成高分子
防水卷材盖板；5—水泥钉

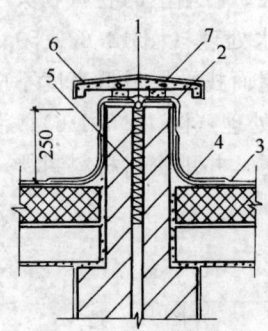
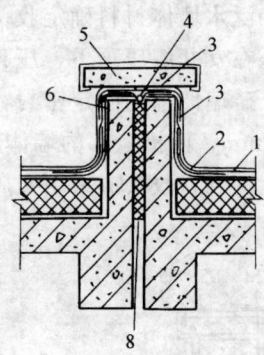

图 13.6.1-8 变形缝构造（砖墙）　图 13.6.1-9 变形缝构造（混凝土墙）

1—衬垫材料；2—卷材封盖；3—防水层；　1—防水层；2—附加防水层；3—合成高
4—附加增强层；5—沥青麻丝；　　　　　 分子卷材；4—聚乙烯泡沫棒；5—混凝
6—水泥砂浆；7—混凝土盖板　　　　　　 土压顶；6—保护层；7—保温层；
　　　　　　　　　　　　　　　　　　　　8—衬垫材料（聚乙烯泡沫板）

（5）水落口防水构造应符合下列规定

1）水落口杯上口的标高应设置在沟底的最低处。

2）防水层伸入水落口杯内不应小于50mm。

3）水落口周围直径500mm范围内坡度不应小于5％，并采用防水涂料或密封材料涂封，其厚度不应小于2mm。

4）水落口杯与基层接触处应留宽20mm、深20mm凹槽，并嵌填密封材料，见图13.6.1-13和图13.6.1-14。

（6）女儿墙、山墙可采用现浇混凝土或预制混凝土压顶，也可采用金属制品或合成高分子卷

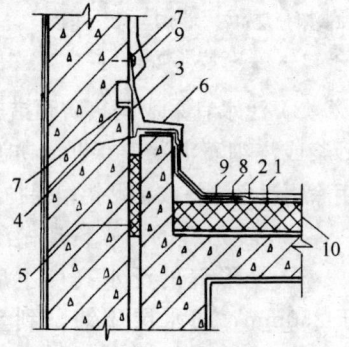

图 13.6.1-10 高低跨变形缝

1—找平层；2—防水层；3—合成高
　分子卷材；4—聚乙烯泡沫棒；
5—衬垫材料（聚乙烯泡沫板）
6—金属板；7—固定、密封；
8—附加防水层；9—保护层；
10—保温层

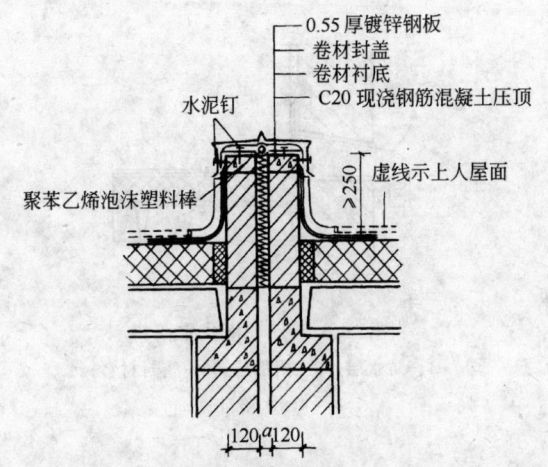

图 13.6.1-11 变形缝（结构为预制板）

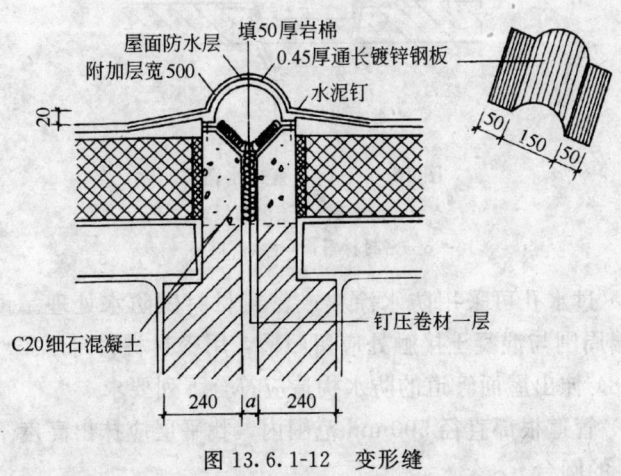

图 13.6.1-12 变形缝

材封顶。

（7）反梁过水孔构造应符合下列规定

1）应根据排水坡度要求留设反梁过水孔，图纸应注明孔底标高。

2）留置的过水孔高度不应小于150mm，宽度不应小于250mm；当采用预留管做过水孔时，管径不得小于75mm。

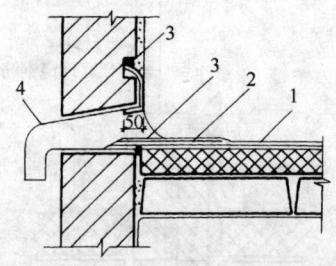

图 13.6.1-13 横式水落口
1—防水层；2—附加层；3—密封材料；
4—水落口

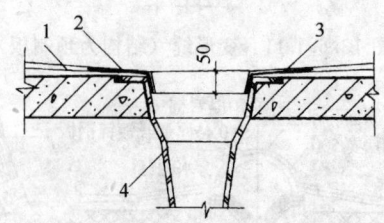

图 13.6.1-14 直式水落口
1—防水层；2—附加层；
3—密封材料；4—水落口杯

3）过水孔可采用防水涂料或密封材料做防水处理。预埋管道两端周围与混凝土接触处应留凹槽，用密封材料封严。

（8）伸出屋面管道的防水构造应符合下列要求

1）管道根部直径 500mm 范围内，找平层应抹出高度不小于 30mm 的圆台。

2）管道周围与找平层或细石混凝土防水层之间，应预留 20mm×20mm 的凹槽，并用密封材料嵌填严密。防水层收头应用金属箍箍紧，并用密封材料封严（图 13.6.1-15）。

3）管道根部四周应增设附加层，宽度和高度不应小于 300mm。

（9）屋面垂直出入口防水层收头应压在混凝土压顶圈下（图

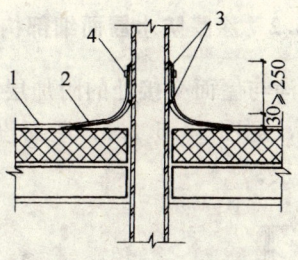

图 13.6.1-15 伸出屋面
管道防水构造
1—防水层；2—附加层；
3—密封材料；4—金属箍

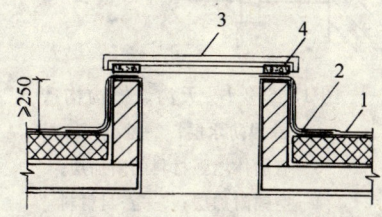

图 13.6.1-16 垂直出入口防水构造
1—防水层；2—附加层；
3—人孔盖；4—混凝土压顶圈

13.6.1-16)；水平出入口防水层收头应压在混凝土踏步下，防水层的泛水应设护墙（图 13.6.1-17)。

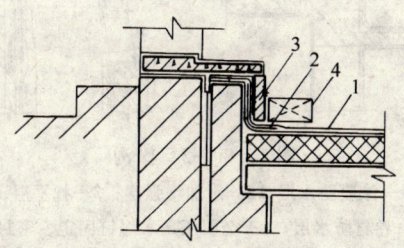

图 13.6.1-17 水平出入口防水构造
1—防水层；2—附加层；
3—护墙；4—踏步

13.6.2　涂膜防水屋面细部构造做法

（1）天沟、檐沟与屋面交接处的附加层宜空铺，空铺的宽度宜为200～300mm，见图13.6.2-1；屋面设有保温层时，天沟、檐沟处宜铺设保温层。

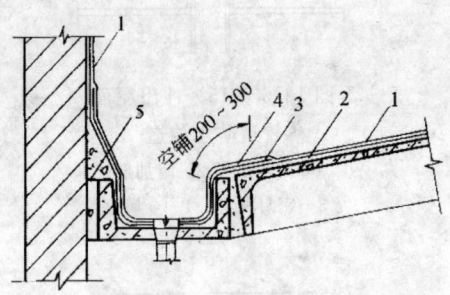

图13.6.2-1　天沟、檐沟构造
1—涂膜防水层；2—找平层；
3—有胎体增强材料的附加层；
4—空铺附加层；5—密封材料

当刚性细石混凝土防水屋面的天沟外檐板高于屋面结构时，应采取溢水措施，见图13.6.2-2和图13.6.2-3。

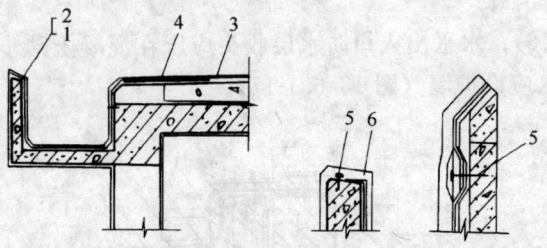

图13.6.2-2　檐沟
1—涂膜防水层；2—附加增强层；3—找平层；
4—卷材防水层；5—金属压条水泥钉固定、密封；
6—保护层

（2）檐口处涂膜防水层的收头应用防水涂料多遍涂刷或用密封材料封严，见图13.6.2-4。

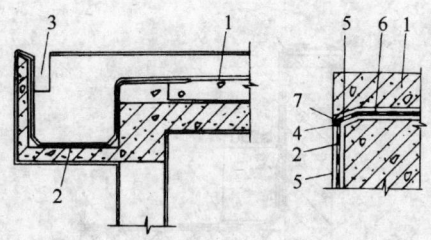

图 13.6.2-3 檐沟
1—刚性防水层；2—涂膜防水层；3—溢水口；
4—密封材料；5—保护层；6—找平层；7—背衬材料

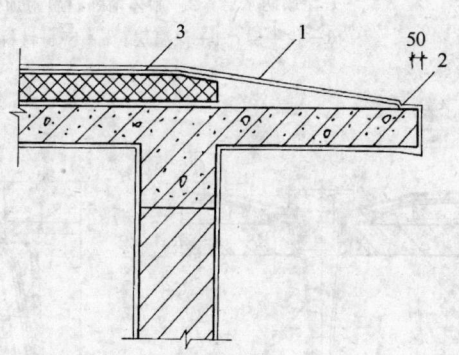

图 13.6.2-4 檐口构造
1—涂膜防水层；2—密封材料；
3—保温层

(3) 泛水处的涂膜防水层宜直接涂刷至女儿墙的压顶下；收头处应用防水涂料多遍涂刷封严，压顶应做防水处理，见图 13.6.2-5。

(4) 变形缝内应填充泡沫塑料或沥青麻丝，其上放衬垫材料，并用卷材封盖；顶部应加扣混凝土盖板或金属盖板，同图 13.6.1-8～13.6.1-12。

(5) 水落口防水构造应符合本工艺标准 13.3.1 的有关规定及图 13.6.2-6 的做法。

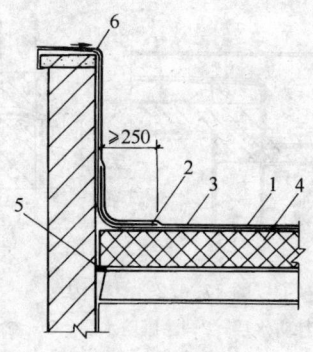

图 13.6.2-5 泛水构造
1—涂膜防水层；2—胎体增强材料附加层；
3—找平层；4—保温层；5—密封材料；
6—防水处理

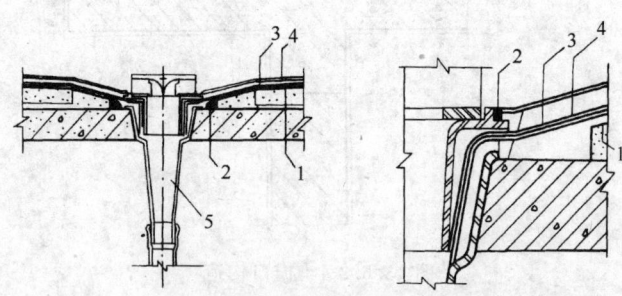

图 13.6.2-6 直式水落口
1—找平层；2—密封材料；3—涂膜增强层；
4—防水层；5—直式水落口

13.6.3 刚性防水屋面细部构造做法

（1）细石混凝土和补偿收缩混凝土防水层的分格缝宽度宜为20～40mm，分格缝中应嵌填密封材料，上部铺贴防水卷材，见图 13.6.3-1。

（2）细石混凝土防水层与天沟、檐沟的交接处应留凹槽，并应用密封材料封严，见图 13.6.3-2。

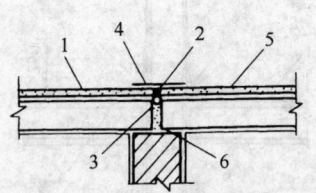
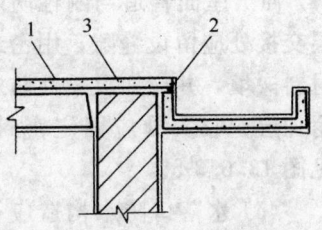

图 13.6.3-1 分格缝构造
1—刚性防水层；2—密封材料；3—背衬材料；
4—防水卷材；5—隔离层；6—细石混凝土

图 13.6.3-2 檐沟滴水
1—刚性防水层；2—密封材料；
3—隔离层

（3）刚性防水层与山墙、女儿墙交接处应留宽度为30mm的缝隙，并应用密封材料嵌填；泛水处应铺设卷材或涂膜附加层，见图13.6.3-3。收头做法应符合本标准13.6.1中（3）和13.6.2中（3）的规定。

（4）刚性防水层与变形缝两侧墙体交接处应留宽度为30mm的缝隙，并应用密封材料嵌填；泛水处应铺设卷材或涂膜附加层；变形缝中应填充泡沫塑料或沥青麻丝，其上填放衬垫材料，并应用卷材封盖，顶部应加扣混凝土盖板或金属盖板，见图13.6.3-4。

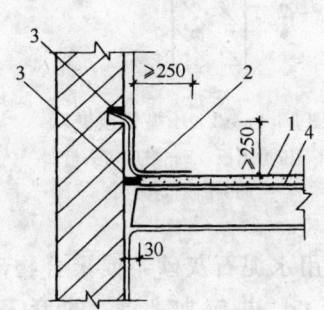
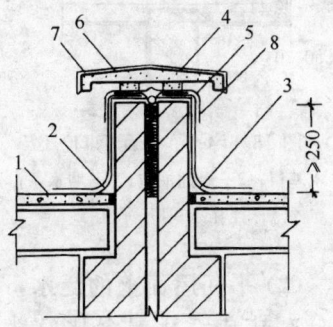

图 13.6.3-3 泛水构造
1—刚性防水层；
2—防水卷材或涂膜；
3—密封材料；4—隔离层

图 13.6.3-4 变形缝构造
1—刚性防水层；2—密封材料；
3—防水卷材；4—衬垫材料；
5—沥青麻丝；6—水泥砂浆；
7—混凝土盖板；8—镀锌钢板泛水

(5)伸出屋面管道与刚性防水层交接处应留设缝隙,用密封材料嵌填,并应加设柔性防水附加层;收头处应固定密封,见图 13.6.3-5。

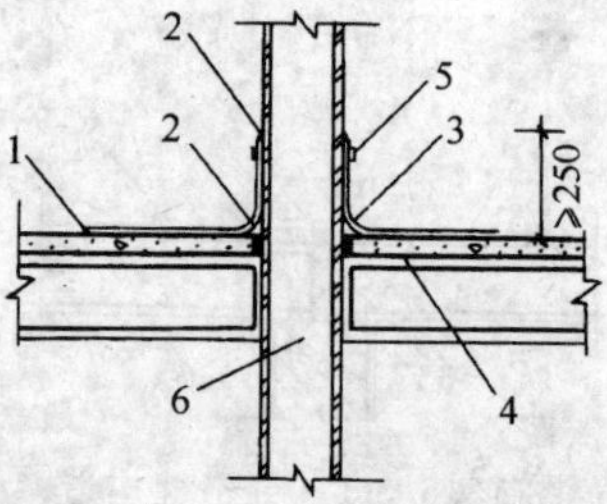

(6)水落口防水构造应符合本标准 13.6.1 中(5)的规定。

图 13.6.3-5 伸出屋面管道防水构造
1—刚性防水层;2—密封材料;3—卷材
(涂膜)防水层;4—隔离层;
5—金属箍;6—管道

13.6.4 瓦屋面细部构造做法

(1)平瓦的瓦头挑出封檐板的长度宜为 50~70mm,见图 13.6.4-1;压型钢板檐口挑出的长度不应小于 200mm,见图 13.6.4-2。

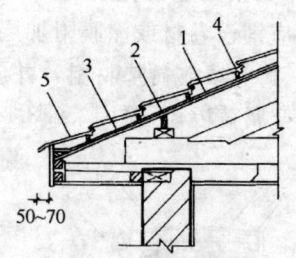 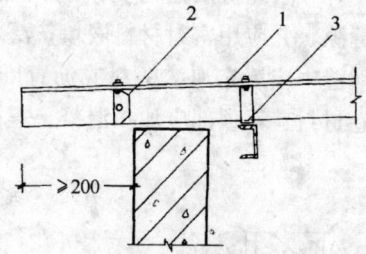

图 13.6.4-1 平瓦檐口
1—木基层;2—干铺油毡;3—顺水条;
4—挂瓦条;5—平瓦

图 13.6.4-2 压型钢板檐口
1—压型钢板;2—檐口堵头板;
3—固定支架

(2)平瓦屋面上的泛水,宜采用水泥石灰砂浆或聚合物砂浆分次抹成,其配合比宜为 1:1:4,并应加 1.5% 的麻刀;烟囱与屋面的交接处在迎水面中部应抹出分水线,并应高出两侧各 30mm,见图 13.6.4-3;压型钢板屋面的泛水板与突出屋面的墙体搭接高度不应小于 300mm,安装应平直,见图 13.6.4-4。

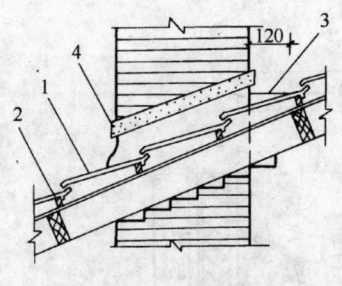
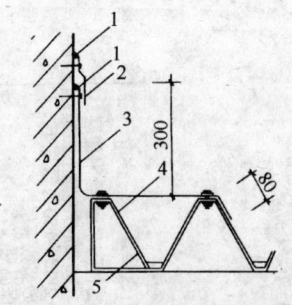

图 13.6.4-3 烟囱根泛水
1—平瓦；2—挂瓦条；3—分水线；
4—水泥石灰砂浆加麻刀

图 13.6.4-4 压型钢板屋面泛水
1—密封材料；2—盖板；3—泛水板；
4—压型钢板；5—固定支架

（3）瓦伸入天沟、檐沟的长度应为 50～70m（图 13.6.4-5）。

（4）平瓦屋面的脊瓦下端距坡面瓦的高度不宜大于 80mm；脊瓦在两坡面瓦上的搭盖宽度，每边不应小于 40mm。沿山墙封檐的一行瓦，宜用 1：2.5 的水泥砂浆做出坡水线，将瓦封固。

13.6.5 隔热屋面细部构造做法

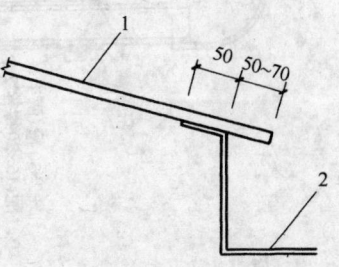

图 13.6.4-5 天沟、檐沟示意
1—瓦；2—天沟、檐沟

（1）天沟、檐沟与屋面交接处，屋面保温层的铺设应延伸到墙内，其伸入的长度不应小于墙厚的 1/2。

（2）排汽出口应埋设排汽管，排汽管应设置在结构层上；穿过保温层的管壁应打排汽孔，见图 13.6.5-1。

（3）架空隔热屋面的架空隔热层高度宜为 100～300mm；架空板与女儿墙的距离不宜小于 250mm。架空隔热屋面做于柔性防水层上时，当防水层为高分子卷材或涂膜防水层时，应做 20mm 厚 1：3 水泥砂浆保护层，保护层做 1000×1000 见方半缝分格，当防水层为其他卷材时，可仅在支墩下做 20mm 厚 1：3 水泥砂浆坐垫，见图 13.6.5-2。

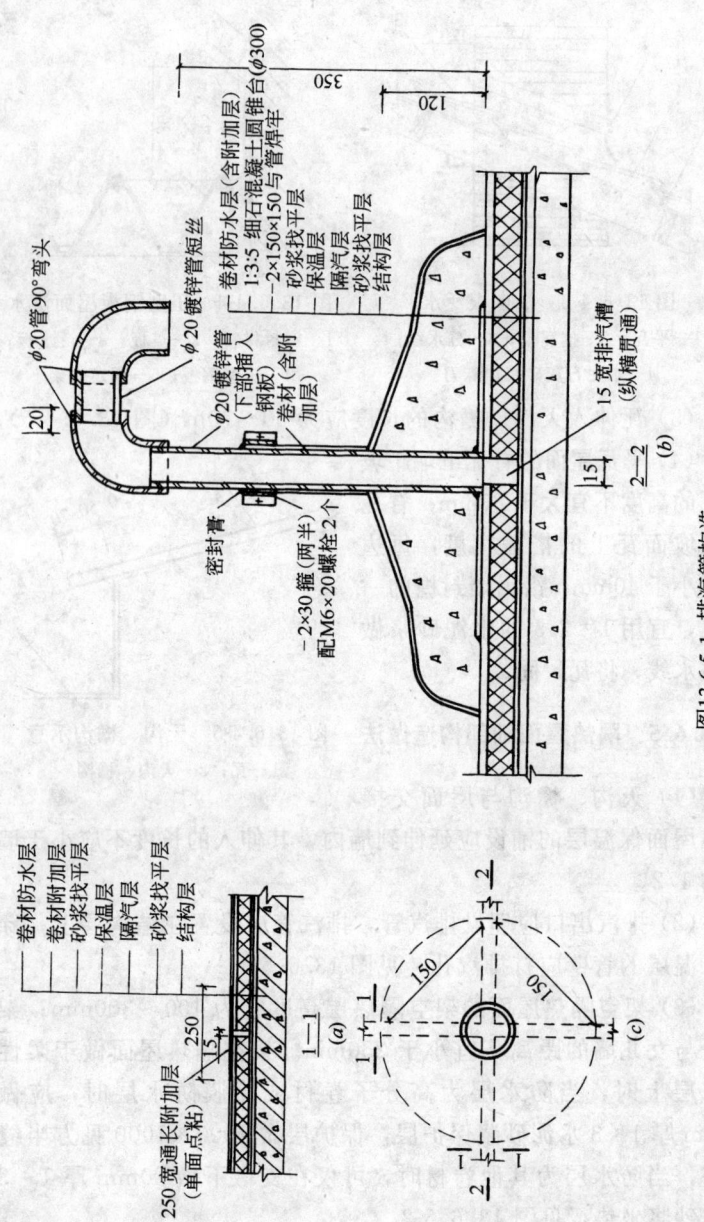

图13.6.5-1 排汽管构造
(a)1—1剖面图;(b)2—2剖面图;(c)平面示意图

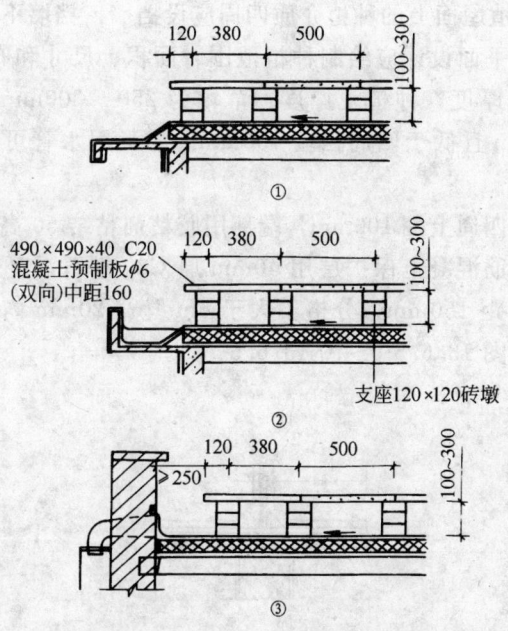

图 13.6.5-2 架空隔热屋面构造

（4）蓄水屋面的溢水口的上部高度应距分仓墙顶面100mm，见图13.6.5-3；过水孔应设在分仓墙底部，排水管应与水落管连通，见图13.6.5-4；分仓缝内应嵌填沥青麻丝，上部用卷材封盖，然后加扣混凝土盖板，见图13.6.5-5。

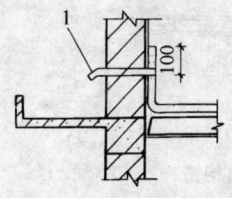 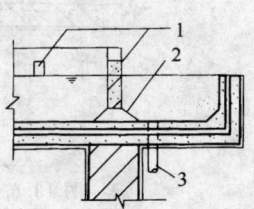

图 13.6.5-3 溢水口构造　　图 13.6.5-4 排水管、过水孔构造
　1—溢水管　　　　　　　1—溢水口；2—过水孔；3—排水管

(5) 种植屋面上的种植介质四周应设挡墙,挡墙下部应设泄水孔。屋面平面设计应绘制种植范围、面积、尺寸和布置形式,以及种植土厚度,种植土厚度:草坪为250~300mm;花木为300~400mm且低于四周挡墙100mm。灌溉用水管可沿走道板沟内敷设。

滤水层四周上翻100mm,端部用胶粘剂粘结50高通长;排水层下之钢筋混凝土保护层用40mm厚C20细石混凝土。配ϕ6双向钢筋中距150mm,分格不大于6m缝宽20mm内嵌高分子密封膏,见图13.6.5-6~图13.6.5-7。

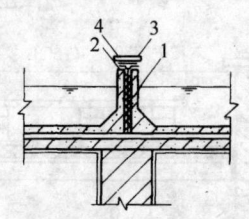

图13.6.5-5 分仓缝构造
1—沥青麻丝;2—粘贴卷材层;
3—干铺卷材层;4—混凝土盖板

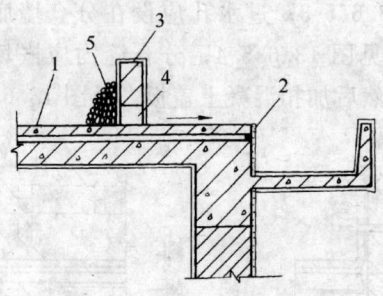

图13.6.5-6 种植屋面构造
1—细石混凝土防水层;2—密封材料;
3—砖砌挡墙;4—泄水孔;5—种植介质

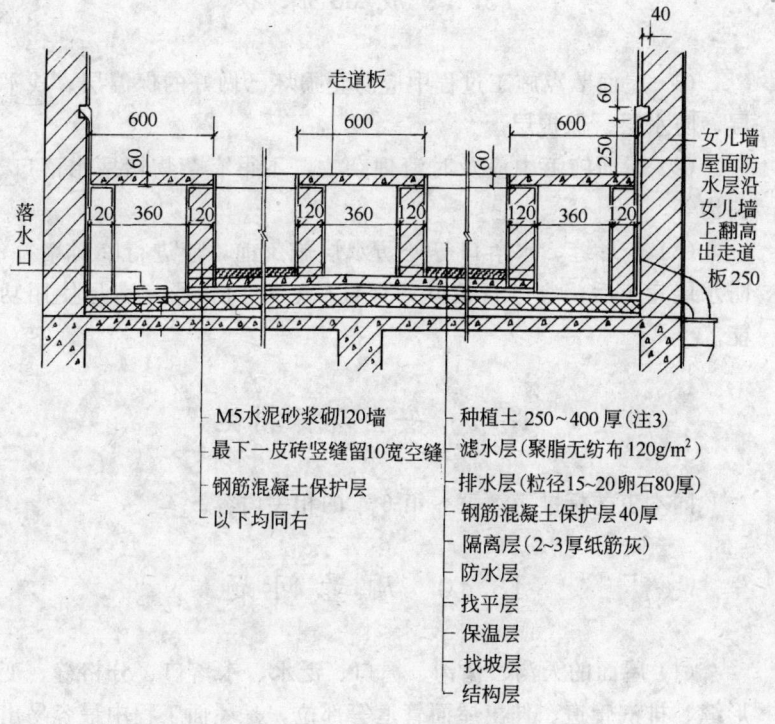

图 13.6.5-7 种植屋面构造

13.7 质量标准

(1) 节点做法应符合设计要求和《屋面工程质量验收规范》(GB 50207—2002) 及本标准规定，封固严密、不开裂。

(2) 天沟、檐沟的排水坡度，必须符合设计要求。

(3) 天沟、檐沟、檐口、水落口、泛水、变形缝和伸出屋面管道的防水构造，必须符合设计要求。

13.8 成品保护

（1）屋面节点施工过程中应防止损坏已做好的保温层、找平层、防水层、保护层。

（2）屋面施工中应及时清理杂物，不得有杂物堵塞水落口、斜沟等。

（3）变形缝、水落口等处防水层施工前，应进行临时堵塞；防水层完工后，应进行清除，保证管、缝内畅通，满足使用功能。

13.9 安全环保措施

同本工艺标准第 3 章～第 6 章的相关内容。

13.10 质量问题

（1）屋面的天沟、檐沟、檐口、泛水、水落口、分格缝、变形缝、排汽管道、伸出屋面管道等部位，是屋面工程中最容易出现渗漏的薄弱环节，据调查表明有 70% 的屋面渗漏都是由于节点部位的防水处理不当引起的。所以，对这些部位均应进行防水增强处理，并作为施工控制重点。

（2）用于细部构造的防水材料，由于品种多、用量少而作用非常大，所以对细部构造处理所用的防水材料应严格把关，严格按照《屋面工程质量验收规范》（GB 50207—2002）附录 A、附录 B 的规定抽样复验，并提出试验报告；不合格的材料，不得在屋面节点中使用。

（3）天沟、檐沟与屋面的交接处、泛水、阴阳角等部位，由于构件断面的变化和屋面的变形常会产生裂缝，对这些部位应做防水增强处理。

(4) 天沟、檐沟与屋面的交接处的变形大，若采用满粘的防水层，防水层极易被拉裂，故该部位需做附加层，附加层宜空铺，空铺的宽度不应小于200mm。屋面采用刚性防水层时，应在天沟、檐沟与细石混凝土防水层间预留凹槽，并用密封材料嵌填严密；天沟、檐沟的混凝土在搁置梁部位均会产生开裂现象，裂缝会延伸至檐沟顶端，所以防水层应从沟底上翻至外檐的顶部。为防止卷材翘边，卷材防水层应用压条钉压固定，涂料防水层应增加涂刷遍数，必要时用密封材料封严。

(5) 檐口部位的收头和滴水线是檐口处理的关键。檐口800mm范围内的卷材应采用满粘法铺贴，在距檐口边缘50mm处预留凹槽，将防水层压入槽内，用金属压条钉压，密封材料封口。檐口下端用水泥砂浆抹出鹰嘴和滴水槽。

(6) 砖砌女儿墙、山墙常因抹灰和压顶开裂使雨水从裂缝渗入砖墙，沿砖墙流入室内，故砖砌女儿墙、山墙及压顶均应进行防水设防处理。女儿墙泛水的收头若处理不当易产生翘边现象，使雨水从开口处渗入防水层下部，故应按设计要求进行收头处理。

(7) 因为水落口与天沟、檐沟的材料不同，环境温度变化的热胀冷缩会使水落口与檐沟间产生裂缝，故水落口应固定牢固。水落杯周围500mm范围内，规定坡度不应小于5%以利排水，并采用防水涂料或密封材料涂封严密，避免水落口处开裂而产生渗漏。

(8) 变形缝宽度大，防水层往往容易断裂，防水设防时应充分考虑变形的幅度，设置能满足变形要求的卷材附加层。

(9) 伸出屋面管道通常采用金属或PVC管材，温度变化引起的材料收缩会使管壁四周产生裂纹，所以在管壁四周的找平层应预留凹槽用密封材料封严，并增设附加层。上翻至管壁的防水层应用金属箍或钢丝紧固，再用密封材料封严。

(10) 天沟、檐沟的排水坡度和排水方向应能保证雨水及时排走，充分体现防排结合的屋面工程设计思想。如果屋面长期积水或干湿交替，在天沟等低洼处滋生青苔、杂草或发生霉烂，最后导致屋面渗漏。

(11) 屋面的天沟、檐沟、檐口、泛水、水落口、分格缝、变形缝、排汽管道、伸出屋面管道的防水构造，是屋面工程中最容易出现渗漏的薄弱环节。对屋面工程的综合治理，应体现"材料是基础，设计是前提，施工是关键，管理维护要加强"的原则。因此对屋面细部的防水构造施工必须符合设计要求。

(12) 质量记录

《屋面工程质量验收规范》(GB 50207—2002) 第 3.0.12 条规定了细部构造根据分项工程的内容，应全部进行检查，并做好相应的质量记录。